生物化学实验教程

主　编　孙玉军　马玉涵
副主编　张　强　王松华　蒋圣娟
参　编　周　成　张晓龙　李　坤
　　　　王趁芳　蔡传杰

合肥工业大学出版社

图书在版编目(CIP)数据

生物化学实验教程/孙玉军,马玉涵主编. --合肥:合肥工业大学出版社,2025.
ISBN 978 - 7 - 5650 - 7136 - 2

Ⅰ. Q5 - 33

中国国家版本馆 CIP 数据核字第 2025AA2164 号

生物化学实验教程

SHENGWU HUAXUE SHIYAN JIAOCHENG

孙玉军　马玉涵　主编

责任编辑	郭　敬(垂询热线:15251858570)	
出版发行	合肥工业大学出版社	
地　址	(230009)合肥市屯溪路 193 号	
网　址	press. hfut. edu. cn	
电　话	理工图书出版中心:0551 - 62903004	
	营销与储运管理中心:0551 - 62903198	
开　本	787 毫米×1092 毫米　1/16	
印　张	6.5	
彩　插	0.5 印张	
字　数	166 千字	
版　次	2025 年 7 月第 1 版	
印　次	2025 年 7 月第 1 次印刷	
印　刷	安徽联众印刷有限公司	
书　号	ISBN 978 - 7 - 5650 - 7136 - 2	
定　价	25.00 元	

如果有影响阅读的印装质量问题,请与出版社营销与储运管理中心联系调换。

实验室安全标识

一、红色——禁止标识

禁止烟火	禁止饮食	禁止拍照	非请莫入
禁止堆放	禁止乱动消防器材	禁止用水灭火	禁止放易燃物
禁止接线板串接	禁止超载用电	禁止乱接电线	禁止无人开着水龙头
禁止实验生活垃圾混放	禁止穿化纤服装	禁止披散长发	禁止穿拖鞋
禁止戴实验手套触摸	禁止强酸与强碱混放	禁止化学品叠放	禁止试剂无标签
禁止气体钢瓶堆放	禁止倾倒废旧化学试剂	禁止无盖放置	禁止大量存放试剂

禁止触摸	禁止伸入	停 用	禁止合闸
禁止激光照射他人	禁止加热设备无人值守	禁止转动	禁止启动
禁止无证使用明火电炉	烘箱上禁放易燃物		

二、黄色——警告标识

当心触电	当心静电	有电危险	当心化学反应
当心腐蚀	当心化学品泄露	当心有毒气体	当心机械伤人
当心磁场	当心电离辐射	当心激光	当心微波

当心粉尘爆炸	当心噪音	当心低温	当心高温
当心高温表面	实验完毕 物品归位	危险、通宵实验 必须2人以上在场	冰箱内物品 标识清晰 定时清理
烘箱长期使用 请15分钟 巡视一次	冰箱不具备防爆 功能，易燃易爆 物禁止放入。	注意 有机废液	注意 无机废液
注意 生化固废	注意 锐器安全	注意 最后离开实验室 检查水电气门窗	生物危害 ＿＿级生物安全实验 实验室名称 实验室负责人 联系电话 未经许可，严禁入内

三、蓝色——指令标识

保持整洁	保持通道畅通	紧急喷淋下无物	注意通风
气瓶远离热源	监控区域	必须拔出插头	必须消毒

必须穿防护服	必须戴防护眼镜	必须戴防护口罩	必须戴防毒面具
必须戴防护面罩	必须戴防护手套	必须穿防护鞋	必须戴防护帽
必须戴安全帽	必须戴护耳器	必须具有安全连锁装置	必须加锁

四、绿色——提示标识

急救药箱	紧急停止开关	紧急出口	喷淋洗眼器

前　言

　　生物化学是生命科学的基础，与许多学科有着密切的联系。生物化学是一门实验性学科，其基本理论和基本实验技术被广泛应用于生命科学、农业科学、环境科学、食品科学、医学、药学等领域的研究。生物化学是生物类、农学类、食品类、资源与环境类、药学类等专业开设的一门重要的专业基础课程。生物化学实验教学作为生物化学课程教学的重要组成部分，是提高学生基本实验操作与实验技能的重要手段。为了满足新时代高等教育的需要，安徽科技学院生物化学课程组在原《生物化学实验教程》（周正义主编，科学出版社，2012 年）的基础上，对其进行了修订。

　　修订后的《生物化学实验教程》由三个章节和附录等部分组成。第一章为生物化学实验室安全知识，包括实验室基本安全、实验室危化品及危险试剂的使用安全、实验室安全及防护知识、实验室安全管理制度、实验室学生安全守则等内容。第二章为基础性实验，共有糖、脂、蛋白质、核酸等 18 个基础性实验。第三章为 7 个综合性实验。附录一为实验常用器皿的清洗；附录二为生物化学实验室的常用表；附录三为危险致癌物质；附录四为常用核酸蛋白换算数据。

　　本书的编写与出版得到了 2023 年度安徽省高等学校省级质量工程项目（2023jcjs105）和 2022 年度安徽省高等学校省级质量工程项目（2022cxtd036）的资助，在此深表感谢！

　　由于编写时间仓促和编者水平有限，书中不妥之处在所难免，竭诚希望广大读者批评指正！

编　者

2024 年 12 月

目　　录

第一章　生物化学实验室安全知识 ……………………………………………………（001）

　　第一节　实验室基本安全 ………………………………………………………（001）

　　第二节　实验室危化品及危险试剂的使用安全 ……………………………（004）

　　第三节　实验室安全及防护知识 ………………………………………………（006）

　　第四节　实验室安全管理制度 …………………………………………………（008）

　　第五节　实验室学生安全守则 …………………………………………………（012）

第二章　基础性实验 ……………………………………………………………………（014）

　　实验一　糖类的性质实验（糖类的颜色反应）………………………………（014）

　　实验二　糖类的性质实验（糖类的还原作用）………………………………（016）

　　实验三　总糖的测定——硫酸-蒽酮法 ………………………………………（018）

　　实验四　还原糖和总糖的测定——3,5-二硝基水杨酸比色法 ……………（020）

　　实验五　脂肪酸的 β-氧化 ……………………………………………………（023）

　　实验六　氨基酸的薄层层析 ……………………………………………………（026）

　　实验七　蛋白质两性性质及等电点测定 ……………………………………（028）

　　实验八　双缩脲法测定蛋白质含量 ……………………………………………（030）

　　实验九　Folin-酚法测定蛋白质含量 …………………………………………（032）

　　实验十　考马斯亮蓝法测蛋白质浓度 ………………………………………（035）

　　实验十一　醋酸纤维素薄膜电泳分离血清蛋白 ……………………………（037）

　　实验十二　紫外吸收法测定蛋白质含量 ……………………………………（042）

　　实验十三　马铃薯块茎多酚氧化酶（PPO）活性测定及酶学性质 ………（045）

　　实验十四　酶的性质及其影响因素 ……………………………………………（049）

实验十五　淀粉酶活力的测定 ·· (053)

实验十六　酵母 RNA 的提取及组分鉴定 ······························· (057)

实验十七　还原型维生素 C 的测定 ··· (060)

实验十八　维生素 A 的提取及含量测定 ··································· (063)

第三章　综合性实验 ··· (065)

实验十九　植物基因组 DNA 的提取及琼脂糖凝胶电泳检测 ········· (065)

实验二十　质粒 DNA 的提取及目的基因 PCR 扩增 ··················· (068)

实验二十一　蛋白质的 SDS 聚丙烯酰胺凝胶电泳 ····················· (071)

实验二十二　大蒜 SOD 的分离提取与总抗氧化活性测定 ············ (075)

实验二十三　食用菌多糖分离纯化与性质测定 ·························· (078)

实验二十四　大豆磷脂的提取及含量测定 ································ (081)

实验二十五　植物组织中核酸的提取和测定 ····························· (084)

参考文献 ·· (087)

附　录 ·· (088)

附录一　实验常用器皿的清洗 ··· (088)

附录二　生物化学实验室的常用表 ··· (090)

附录三　危险致癌物质 ·· (099)

附录四　常用核酸蛋白换算数据 ·· (099)

第一章　生物化学实验室安全知识

　　生物化学实验室是开展生物化学实验教学的重要场所，承载着学校培养人才、推动科技进步的使命。然而，实验室工作的复杂性和特殊性也带来了诸多安全隐患。为了确保实验人员的安全、保障实验室的正常运行，以及维护实验结果的准确性和可靠性，我们有必要深入了解生物化学实验室的安全知识。

　　生物化学实验室涉及众多复杂的化学反应和生物过程，其中不乏有毒、有害、易燃、易爆等危险化学品和生物样本。这些物质一旦处理不当，就可能引发火灾、爆炸、中毒等严重事故，这对实验人员的生命安全和身体健康构成威胁。此外，实验室中使用的仪器设备也具有一定的危险性，如操作不当或维护不当，也可能导致事故的发生。因此，掌握生物化学实验室的安全知识至关重要。这不仅关乎个人的生命安全，也关系到实验室的财产安全和科研工作的顺利进行。通过学习和实践实验室安全知识，我们可以了解危险化学品的性质、存储和使用方法，掌握生物样本的处理和防护措施，熟悉仪器设备的操作规程和维护方法，以及掌握应急处理和事故预防的措施。此外，实验室安全文化的建设也是不可或缺的一部分。通过加强安全意识教育、开展安全培训和演练、建立安全管理制度等措施，我们可以营造一个安全、和谐、高效的实验环境，增强实验人员的安全意识和防范能力，确保实验室的安全运行。

　　总之，生物化学实验室安全知识是我们进行实验工作时必须掌握的重要内容。只有充分了解并严格遵守实验室安全规定和操作规程，我们才能确保实验的安全、准确和高效，为科学研究和教学工作提供有力的保障。因此，我们应该高度重视生物化学实验室的安全问题，不断加强学习和实践，增强自身的安全意识和防范能力。

第一节　实验室基本安全

一、用水安全

　　在生物化学实验室中，保障用水安全是实验工作顺利进行和保障实验人员健康的重要前提。实验室的水源主要分为实验用水和日常用水，我们要保持输水管道畅通，防止管道内水休堵塞等情况的发生。

　　实验室应首先建立明确的用水管理制度。详细规定各种类型水的使用范围和处理方法，避免不同类型的水混淆使用。例如，自来水应仅限于日常清洁和洗涤，而高纯度的蒸馏水或去离子水则用于对水质要求较高的实验。同时，实验室应设置明显的标识，标明各种水源的用途和使用注意事项，以便实验人员正确理解和使用。实验室还需定期对用水设施进行检查和维护，包括检查水源管道是否完好，避免漏水或污染；确保水龙头和水槽清洁，避免积存杂质或微生物。此外，定期对水质进行检测也是必要的，以确保水质符合实验要求。若发现水质异常或设备故障，应及时采取措施进行处理和修复。

对于实验人员，实验室应提供必要的安全教育和培训。通过举办安全知识讲座、操作演示等方式，让实验人员了解不同类型水的性质、用途和处理方法，掌握正确的取水、用水和废水处理方法。此外，实验室还应制定应急预案，以应对可能发生的用水安全事故。在实验操作过程中，实验人员应严格遵守相关规定。取水时，应使用清洁的容器，避免使用破损或污染的容器。对于高纯度水，应使用专用的取水设备，并尽量减少与空气的接触时间，以减少污染的可能性。同时，实验人员应养成节约用水的习惯，避免浪费和不必要的污染。

在废水处理方面，实验室应实施严格的废水分类收集和处理制度。不同类型的废水应分别收集和处理，防止混合排放。对于含有有害物质的废水，必须经过适当的处理后再进行排放，以防止对环境和人体造成危害。实验室还应定期对废水处理设施进行检查和维护，确保其正常运行和排放达标。

此外，实验室可以引进先进的技术和设备来提高用水的安全性。例如，安装水质在线监测系统可以实时监测水质变化，及时发现并处理水质问题；使用紫外线消毒设备可以对用水进行有效消毒，杀灭水中的微生物；采用反渗透等高级处理技术可以制备高纯度的水，满足特殊实验的需求。

二、用电安全

实验室的用电安全关系到实验设备的正常运行、实验结果的准确性及实验人员的生命安全。实验室应建立严格的用电管理制度，明确各类电气设备的使用范围、功率限制及操作规程，确保实验人员在使用电气设备时能够遵循正确的操作流程。同时，实验室应设置明确的用电标识，标明电源插座、开关等设备的位置和用途，避免误操作或误触。

实验室应严格按照要求定期对电气设备进行检查和维护，包括检查设备的电源线是否完好、插头是否松动、开关是否正常工作等。对于老化或损坏的电气设备，应及时进行更换或修理，以避免设备故障引发的安全事故。此外，实验室还应定期对电源线路进行巡检，确保其没有破损、裸露或过载现象。

在实验操作过程中，实验人员应严格遵守用电安全操作规程。首先，实验人员应确保电气设备的接地良好，避免因漏电而引发触电事故。其次，实验人员在插拔电源插头时，应确保手部干燥，避免发生触电。同时，实验人员应避免在湿润的环境中使用电气设备，以防止电气设备受潮而引发故障。

实验室应合理配置电源插座和开关。电源插座应设置在实验室的合适位置，方便实验人员使用，并避免插头之间的交叉和混乱。开关应设置在明显的位置，方便实验人员控制电源的开关状态。对于需要长时间运行的电气设备，应使用带有过载保护功能的插座，以避免因过载而引发火灾。

实验室应加强对实验人员的用电安全教育和培训。通过举办安全知识讲座、操作演示等方式，增强实验人员的用电安全意识，使他们了解电气设备的正确使用方法、应急处理措施以及常见的用电安全隐患。

三、用火安全

实验室用火安全的意义重大且深远，它直接关系到实验人员的生命安全、实验室财产的安全以及科研工作的顺利进行。火源如果使用不当或管理不善，很容易引发火灾事故，给实验人员带来严重的伤害甚至生命危险。因此，确保实验室用火安全是保障实验人员人身安全的重要措施。

实验室应定期检查火源设备，如酒精灯、燃气炉等，确保其处于良好的工作状态，并防止泄漏、老化或其他损坏现象。实验人员在用火时，应确保火源稳定，火焰大小适中，并时刻关注火源状态。禁止离开正在使用的火源，以防意外发生。易燃易爆物品应妥善存放，远离火源，并设置明显的警示标识。使用火源时，实验室应保持良好的通风，避免有害气体或蒸汽积聚。同时，应确保排气系统正常运行，及时排除有害气体。配备适当的灭火器材，如灭火器、灭火毯等，并定期检查其有效性。制定火灾应急预案，明确逃生路线和应对措施。定期对实验人员进行用火安全教育和培训，增强他们的安全意识，使其了解火源设备的正确使用方法、应急处理措施以及常见的用火安全隐患。

实验室应定期进行用火安全检查，及时发现和消除潜在的安全隐患。同时，可以邀请专业的安全机构进行用火安全评估，为实验室的用火安全管理提供指导和建议。

四、设备安全

生物化学实验室设备的安全管理对保障实验工作的顺利进行、实验人员的生命安全以及实验室的财产安全具有重要意义。为确保设备安全，实验人员应严格遵守安全操作规程，进行规范操作。

实验室采购设备时，确保设备符合国家和行业的安全标准。到货后组织专业人员进行验收，检查设备的完整性、外观质量及性能参数等，确保设备符合采购要求。设备安装应由专业人员进行，遵循设备的安装说明和技术要求，确保设备安装正确、稳固。设备安装完成后，应进行调试和试运行，检查设备的运行状态、性能参数及安全性能等，确保设备正常运行且符合安全要求。

实验人员应熟悉设备的操作规程和安全性能，按照操作说明正确使用设备，避免误操作或不当使用导致的安全事故。定期进行维护保养，包括清洁、润滑、紧固等，确保设备正常运行和延长使用寿命。对于需要定期校准的设备，如分析仪器、测量设备等，应按照规定的时间周期进行校准，确保设备的准确性和可靠性。定期对设备进行安全检查，包括设备的外观、运行状态、安全性能等，及时发现并处理潜在的安全隐患。对于老旧设备或存在安全隐患的设备，应进行安全评估，确定是否需要更换或改造，以保障设备的安全性能。建立设备档案，记录设备的采购、验收、安装、调试、使用、维护、校准、检查等信息，便于对设备进行管理和追溯。设备档案应定期更新，确保信息的准确性和完整性。

五、危险废物处理

生物化学实验室在进行实验过程中，不可避免地会产生各种危险废物（简称"危废"）。这些危险废物如果得不到妥善处理，不仅会对实验人员的身体健康造成威胁，还可能对环境造成污染。因此，生物化学实验室危废处理是一项非常重要的工作。

对产生的危废进行准确分类，包括有害化学品、生物废弃物、放射性废弃物等，以便采取不同的处理措施。对各类危废进行明确标识，标明危险废物的名称、性质、危险等级及处理要求等信息，确保在处理和运输过程中能够正确识别。设置专门的危废收集容器，确保容器密封、防漏、防腐蚀，避免危险废物泄漏或污染环境。定期对收集容器进行检查和维护，确保其完好性和安全性。危废应暂时存放在指定的暂存区域，该区域应具备防火、防爆、防泄漏等安全措施，并确保危险废物得到及时清运和处理。

对于有害化学品，应根据其性质选择适当的处理方法，如中和、氧化、还原等，确保废物无害化。生物废弃物（如培养物、细胞组织等），应通过高压灭菌、焚烧等方式进行处理，以防止产生生物污染。对于放射性废弃物，应严格按照国家和行业的规定进行处理，确保放射性废弃物中的放射性物质得到有效控制。

委托专业的危废处置单位进行废物处理，确保废物得到合规、安全的处置。建立危废处理记录制度，详细记录危废的产生、收集、处理、处置等各个环节的信息，以便追溯和监管。定期对实验人员进行危废处理培训，提高他们的危废处理技能和安全意识。加强危废处理相关法规政策的宣传教育，使实验人员充分认识到危废处理的重要性。

第二节　实验室危化品及危险试剂的使用安全

实验室是学校开展教学、科研活动的重要基地。为确保实验室安全，防止人员伤亡和财产损失事故发生，优化学校环境，保证教学、科研活动的正常进行，实验室师生应共同遵守实验室安全管理制度，具体规则如下。

（1）所有在实验室工作、学习的人员，要牢固树立"以人为本"的观念，统一认识，确保人身安全。要牢固树立安全意识，遵守实验室安全管理规章制度，掌握基本的安全知识和救助知识。

（2）各实验室应根据各自工作特点，制定安全条例和安全操作规程等相应的安全管理制度及实施细则，并张挂在实验室明显区域，严格贯彻执行；制作适合本实验室的安全教育片，以直观形象的图片、通俗易懂的语言、具体翔实的数据和生动的案例，向实验人员进行实验安全基本常识、安全原则教育。实验室要把安全知识、安全制度、操作规程等列为实验教学的内容之一，新进实验室人员必须先接受安全教育，掌握基本安全知识和技能，才能进入实验室工作、学习。

（3）各实验室必须配备适用、足量的消防器材，将其置于位置明显、取用方便之处，并指定专人负责，妥善保管。在非应急状况下，各种安全设施不准借用或挪用，要定期检查，发现问题，及时采取补救措施。保持实验室设备、设施及环境清洁卫生。设备器材摆放整齐，排列有序，保持走道畅通。严禁在走廊堆放物品阻挡消防安全通道。实验室工作人员应熟悉消防器材的放置地点，学习消防知识，熟悉安全措施，熟练掌握消防器材的使用方法。如遇火灾事故，应及时切断电源，冷静处理。实验室应有严格的用电管理制度，对进入实验室工作学习的人员，应经常进行安全用电教育，严禁超负荷用电。实验电气设备处于工作状态时，必须有人在场监管；对于确实需要长时间连续工作的实验，实验人员对电气设备须采取必要的安全保护和监管措施，防止意外事故发生。

（4）无须配备加热设备的实验室，严禁使用包括电炉、电取暖器、电水壶、电热杯、"热得快"、电熨斗、电吹风等各种类型的电加热器具。实验中必须使用明火时，须加强防范措施，做到用火不离人，危险范围内要清除可燃物品。

（5）各实验室要建立安全值班制度。实验室值班人员或工作人员下班时，必须关闭电源、水源、气源、门窗，剩余药品必须妥善保存。当班教师要配合值班人员进行安全检查。

（6）使用危险化学品、放射性物品的单位要认真贯彻国家《危险化学品安全管理条例（国务院令第 591 号)》《放射性同位素与射线装置安全和防护条例（国务院令第 449 号)》和上级部门的有关规定，建立严格的危险化学品和放射性物品登记、交接、检查、出入库、领取清退等管理制度，要建立账目，账目要日清月结，做到账物相符。

（7）危险化学品应根据物质不同特性分类、分项存放。性质或防火与灭火方法相互抵触的危险化学品，不得在同一仓库或同一储存室存放。放射性同位素不得与易燃、易爆、腐蚀性物品一起存放。对存放中的危险化学品、放射性物品要经常检查，及时排除安全隐患。存放地点要安装防火、防水（潮）、防泄漏、防盗设施，无关人员禁止进入。

（8）危险化学品、放射性物品必须由学校采购管理部门从具备经营资质的单位统一购置，严禁其他单位与个人私自购买。危险化学品、放射性物品的领用，须凭使用申请报告和使用单位负责人签字的领料单办理领料手续，并做好详细的领用和使用记录。使用剧毒品、放射性同位素，应按同一批次实验的需求量按需申领，使用情况当日报告。实验剩余当日清退，严禁存放、带离实验室，严禁私自销毁、丢弃或借予他人。

（9）转移和运输剧毒品、放射性同位素及强酸等易发生重大伤害事故的危险品，必须妥善包装，使用专用运输工具，运输过程须派专人随行监管。

（10）使用危险化学品、放射性物品的单位要制定安全使用操作规程，明确安全使用注意事项。实验人员必须配备防护装备方可参与有关实验。学生使用危险化学品、放射性物品时，教师应详细指导监督，并采取必要的安全防护措施。使用危险化学品、放射性物品的实验教学负责人、项目负责人对危险化学品、放射性物品的使用安全负直接责任。

（11）凡使用放射性同位素和射线装置的实验室，入口处必须贴放射性危险标志，安装必要的安全防护联用锁及报警装置或者工作信号装置。实验工作人员须佩戴个人放射计量仪，定期接受个人放射剂量监测，做好安全使用放射性同位素和射线装置的宣传和教育工作，严格遵守放射性同位素和射线装置的操作规程和使用规定。

（12）易燃气体气瓶与助燃气体气瓶不得混合放置。易燃气体及有毒气体气瓶必须安放在通风良好且配备泄漏监测装置的场所。各种压力气瓶竖直放置时，应采取防止倾倒措施。

（13）各种压力气瓶应避免暴晒和靠近热源，可燃、易燃压力气瓶离明火距离不得小于

10米；严禁敲击和碰撞压力气瓶；外表漆色标志要保持完好，压力气瓶要专气专用，严禁私自改装它种气体。

（14）实验室仪器设备管理人员必须密切注意学校有关部门停水停电的通知和气象部门的恶劣天气预警通知，注意贵重仪器设备的停水停电保护措施，如遇台风、暴雨、冰雹、雷暴等恶劣天气，应提前对贵重仪器设备采取保护措施，防止或减小外界影响对仪器设备造成的损失。在发生恶劣天气情况时，须安排工作人员在现场值班。

（15）各类实验要严格按照安全操作规程进行，上机前需制定切实可行的实验方案，并做好各种准备工作。上机时严格按照使用操作规程，开机后必须有人值守，用完仪器要认真进行安全检查。对不遵守者，管理人员有权对其劝阻、纠错直至拒绝其继续使用。

（16）贵重仪器设备及其附属的安全装置，未经申报批准，不准随意拆卸与改装。确需拆卸或改装时，应书面请示学院（研究院）领导批准，并报请实验室与设备管理办公室备案，方可实施。

第三节　实验室安全及防护知识

一、实验室安全及防护知识

实验室安全是实验活动顺利进行的基础，也是实验人员安全的重要保障。以下是一些关键的实验室安全及防护知识。

化学品安全：实验人员应了解化学品的性质、危害和急救措施，并正确存放和使用化学品。避免混合不兼容的化学品，防止剧烈反应的发生。

仪器设备安全：实验人员应熟悉仪器设备的操作规程和注意事项，确保正确操作和维护设备。定期检查设备的电气安全和机械部件，确保其正常运行。

个人防护：实验人员应佩戴适当的防护装备，如实验服、防护眼镜、手套等，避免直接接触有害物质。同时，保持实验室内的整洁和卫生，减少污染和交叉感染的风险。

实验室环境：实验室应保持良好的通风和照明条件，确保有害气体和粉尘能够及时排出。此外，定期清洁和消毒实验室，减少细菌和病毒的滋生。

二、应急策略

在实验室中，有时会发生意外情况，因此需要掌握正确的应急策略，以便迅速应对并减少损失。以下是一些常见的应急策略。

（一）实验室火灾应急处理预案

（1）发现火情，现场工作人员立即采取措施处理，防止火势蔓延并迅速报告身边最近的安全员。

（2）确定火灾发生的位置，判断火灾发生的原因，如压缩气体、液化气体、易燃液体、易燃物品、自燃物品等燃烧。

（3）明确火灾周围环境，判断是否有重大危险源分布及是否会带来次生灾难。

（4）按照应急处置程序采用适当的消防器材进行扑救；对于木材、布料、纸张、橡胶等固体可燃材料引发的火灾，可采用水冷却法，但对珍贵图书、档案应用二氧化碳、卤代烷、干粉灭火剂灭火。对于易燃可燃液体、易燃气体和油脂类等化学药品引发的火灾，用大剂量泡沫灭火剂、干粉灭火剂将火灾扑灭。对于带电设备火灾，应切断电源后再灭火。因现场情况及其他原因不能断电，需要带电灭火时，应使用沙子或干粉灭火器，不能使用泡沫灭火器或水。对于可燃金属，如镁、钠、钾及其合金等引发的火灾，应用特殊的灭火剂，如干砂或干粉灭火器等来灭火。

（5）依据可能发生的危险化学品事故类别、危害程度级别，划定危险区，对事故现场周边区域进行隔离和疏导。

（6）视火情拨打"119"报警求救，并到明显位置引导消防车。

（二）实验室爆炸应急处理预案

（1）实验室爆炸发生时，实验室负责人或安全员在其认为安全的情况下必须及时切断电源和管道阀门；

（2）所有人员应听从临时召集人的安排，有组织地通过安全出口或用其他方法迅速撤离爆炸现场；

（3）应急预案领导小组负责安排抢救工作和人员安置工作。

（三）实验室中毒应急处理预案

实验中若出现咽喉灼痛、嘴唇脱色或发绀，胃部痉挛或恶心呕吐等症状时，则可能是中毒所致。视中毒原因施以下述急救后，立即送医院治疗，不得延误。

（1）首先将中毒者转移到安全地带，解开领口，使其呼吸通畅，让中毒者呼吸到新鲜空气。

（2）误服毒物中毒者，须立即引吐、洗胃及导泻。对引吐效果不好或昏迷者，应立即送医院用胃管洗胃。

（3）重金属盐中毒者，喝一杯含有几克硫酸镁的水溶液，立即就医。不要服催吐药，以免引起危险或使病情复杂化，砷和汞化物中毒者，必须紧急就医。

（4）若吸入刺激性气体而中毒，应立即将患者转移离开中毒现场，给予2％～5％碳酸氢钠溶液雾化吸入、吸氧。对于气管痉挛者，应酌情给予解痉挛药物雾化吸入。应急人员一般应配置过滤式防毒面罩、防毒服装、防毒手套、防毒靴等。

（四）实验室触电应急处理预案

（1）触电急救的原则是在现场采取积极措施保护伤员生命。

（2）触电急救：首先要使触电者迅速脱离电源，越快越好，触电者未脱离电源前，救护人员不准用手直接触及伤员。使伤者脱离电源方法：①切断电源开关；②若电源开关较远，可用干燥的木棒、竹竿等挑开触电者身上的电线或带电设备。

（3）触电者脱离电源后，应视其神志是否清醒而采取不同的措施。神志清醒者，应使其就地躺平，严密观察，暂时不要站立或走动；如神志不清，应就地仰面躺平，且确保气道通畅，并于5秒时间间隔呼叫伤员或轻拍其肩膀，以判断伤员是否意识丧失。禁止摇动伤员头部呼叫伤员。

（4）抢救伤员并设法联系医院救治。

（五）实验室化学灼伤应急处理预案

（1）强酸、强碱及其他一些化学物质，具有强烈的刺激性和腐蚀作用。发生这些化学灼伤时，应用大量流动清水冲洗，再分别用低浓度（2%～5%）的弱碱（针对强酸引起的灼烧）、弱酸（针对强碱引起的灼烧）进行中和。处理后，再依据情况而定，做下一步处理。

（2）溅入眼内时，在现场立即就近用大量清水或生理盐水彻底冲洗。冲洗时，眼睛置于水龙头上方，水向上冲洗眼睛，时间应不少于15分钟，切不可因疼痛而紧闭眼睛。处理后，再送眼科医院治疗。

（六）实验室气体泄漏应急处理预案

（1）罐装二氧化碳从正规渠道采购，并检查气体容器是否符合要求。若泄漏根据实际情况进行处理：若轻微泄漏及时关闭阀门并告知安全员；若泄漏严重及时告知安全员联系气体公司处理，并打开门窗避免二氧化碳过多造成窒息。

（2）液氮平时由气体公司统一罐装，若泄漏请远离泄漏源以免造成冻伤，大量泄漏时还应及时打开门窗通风换气。

（七）安防事故应急处理预案

（1）对于被盗事故，应及时拨打110电话报警，同时上报相关单位和部门。

（2）化学品泄漏应急：立即停止实验活动，佩戴防护装备，迅速撤离泄漏区域。使用吸附材料吸收泄漏物，防止扩散。若泄漏物有毒或易燃易爆，应迅速报警并通知专业人员处理。

（3）火灾应急：切断电源，使用适当的灭火器进行灭火。根据火源类型选择合适的灭火剂，如干粉、泡沫或二氧化碳等。若火势无法控制，应迅速撤离并拨打火警电话报警。

（4）人身伤害应急：立即进行初步救治，如止血、包扎等。若伤势严重或无法处理，应迅速拨打急救电话，请求专业医疗救援。同时，保留现场证据，为后续调查提供依据。

第四节　实验室安全管理制度

一、目的

规范各类实验操作，保证实验人员操作过程中的人身安全和财产不受损失，确保检测工作正常有序地进行，并牢固树立"安全第一"的思想。

二、适用范围

适用于实验室各类操作的安全管理。

三、职责

实验室负责人负责对安全操作的监督，实验人员负责安全操作规范的贯彻实施。

四、内容

（一）一般要求

（1）严禁实验人员将与检验无关的物品带入化验室（有特殊要求的除外）；

（2）凡从事各种产品检验的工作人员，都应熟悉所使用的药品的性能，仪器、设备的性能及操作方法和安全事项；

（3）进行检验时，应严格按照操作规程和安全技术规程进行，掌握对各类事故的处理方法；

（4）实验室内要有充足的照明和通风设施；

（5）进行检验时，劳动保护用具必须穿戴整齐；

（6）所有药品、样品必须贴有醒目的标签，注明名称、浓度、配制时间及有效日期等，标签字迹要清楚；

（7）禁止用手直接接触化学药品和危险性物质，禁止用口或鼻嗅的方法去鉴别物质。如工作需要，必须嗅闻时，用右手微微扇风，头部应在侧面，并保持一定距离。严禁用烧杯等器具作餐具或饮水，严禁在实验室内饮食；

（8）用移液管吸取有毒或腐蚀性液体时，管口必须插入液面以下，防止夹带空气使液体冲出，用橡皮吸球吸取，禁止用嘴代替橡皮吸球；

（9）易挥发或易燃的液体储瓶，在温度较高的场所或当瓶的温度较高时，应经冷却后方可开启；

（10）凡参加实验项目的人员，必须熟悉所使用物质的性质、操作规程、方法和安全注意事项；

（11）在进行危险性工作时，应采取安全措施，参加人员不得少于两人；

（12）在器具中放待加热药品时，必须放置平稳，瓶口或管口禁止对着别人和自己；

（13）加热试管内的溶液时，管口不得对着面部，加热时要不停地摇晃，以防止因上下温度不均发生沸腾而引起烫伤，加热蒸馏结束后应先拿出冷凝管，后移开酒精灯，以防发生倒吸使仪器破裂；

（14）在移动热的液体时，应使用隔热护具轻拿轻放，稳定可靠；

（15）工作服一旦被酸、碱、有毒物质及致病菌等玷污，必须及时处理；

（16）停电停水时，要及时切断电源，关闭水阀；

（17）废酸废碱、有机溶剂及易燃物质，必须经过中和处理后，方可倾倒至指定地点，禁止直接倒入水槽中；

（18）化验工作结束后，所有仪器设备要清洗干净，切断电源，关闭水、电、气阀门，溶液、试剂和仪器应放回规定地点；

（19）下班时，应检查电源是否切断，水、气阀门是否关闭；

（20）实验室内应设置沙箱、灭火器等消防器材。当室内发生易燃易爆气体大量泄漏的危险情况时，应立即停止动用明火及能产生火花的工作，立即关闭阀门，打开门窗，加快通风。

（二）玻璃仪器的安全使用

（1）玻璃仪器在使用前要详细检查，有裂纹或损坏的不得使用；

（2）搬取有液体（1 L以上）的瓶子时，必须一手握住瓶颈部，一手托瓶底，不准单独握住颈部以防负荷大、重而崩裂脱落，较大的瓶子宜放在瓶架上搬取；

（3）在常压下使用的玻璃器皿，温度不得超过500 ℃（指硬玻璃），下压或负压操作时，不得超过400 ℃，温度的升降应缓慢进行；

（4）装碱性溶液的瓶子，宜使用胶皮塞，以免腐蚀粘住；

（5）清洗装有腐蚀性、危险性物质的器具时，必须将危险物质除净后，再用水清洗干净；

（6）非耐热器皿和广口瓶、量筒、表面皿、称量瓶等，禁止用明火直接加热，不得在器皿内进行放热的操作，如器皿内有水珠应放在烘箱中烘干；

（7）注意勿使玻璃和瓷器局部受热、受冷。例如在加热、冷却设备的操作过程中，防止器皿因局部急剧的温度变化而破裂。

（三）电气设备的安全使用

（1）严格遵守电气作业安全规定，非电工严禁从事电气作业。检修电气设备、线路、开关照明，安装临时电源作业，均应由电工作业；

（2）电气设备，必须有可靠的安全接地，推上电闸时要扣紧，拉下电闸时要彻底，推进必须快速；

（3）在同一电源上，不能同时使用过多的仪器设备，以免造成负荷过大；

（4）使用电气设备时，要检查电源电压是否与使用设备的电压相符；

（5）绝缘不合格、导线裸露或破裂、发现漏电的电气设备仪器，不准使用，要尽快修理；

（6）如电气设备的线路一旦发热或温度超过规定值，而发生故障，应立即切断电源，由电工检修；

（7）电气设备应严防受潮，禁止用湿布擦拭电源开关。如有水珠附上，禁止拉、合电闸；

（8）在加热电器附近，不得放置易燃易爆物品，当用电炉加热的容器破裂时，必须切断电源，然后再进行处理；

（9）所有电热设备，必须放在石棉板上，发热量大的设备还应架空，并采取隔热措施；

（10）当室内有易燃易爆气体和蒸汽时，必须确认合格后，方可给电气设备和仪器送电；

（11）在有易燃易爆气体、粉尘的室内，所用的电气设备和照明应符合防爆要求；

（12）发现有人触电时，应先切断电源，并立即进行抢救。

（四）有毒有害物质的管理与使用

1. 管理

（1）对于盛装有毒物质的容器，在标签上应注明"有毒"或"剧毒"字样和醒目的危险标志；

（2）凡毒性化学品应分类贮存，不得与易燃易爆物品及气化、腐蚀性等化学品贮存在统一库房；

（3）凡剧毒化学品应用专门铁柜单独存放，坚持双人双锁两本账制度；

（4）建立健全有毒药品管理制度，入库、发放时必须认真检查记录，定期清点，账物必须一致，发现数量不符时应立即认真追查原因，及时报告，有毒药品应配备两名专人进行管理，坚持双人双锁两本账制度；

（5）严禁非保管人员入有毒药品库，保证有毒药品库绝对安全；

（6）各部门必须由两名可靠的专人负责领取有毒药品，并填写领料单，登记数量；

（7）有毒药品的发放与领取应加强计划管理，使用部门（单位）领导应严格履行有毒药品领用审批手续；

（8）使用部门按生产、检验的需要定期编制计划送相应部门审核。

2. 使用

（1）有毒药品库贮存量不得过多，一般不许超过一个月的使用量；

（2）使用有毒药品时，必须当日使用，当日领取，用多少领多少，严加保管，不准无关人员接触，如使用有剩余，必须立即退回有毒药品库，不准在使用地方存放；

（3）使用过的设备工具一定要清洗干净，使用过的废水一定要进行处理，并定期取样化验分析，沉淀的废渣要埋在指定的地点；

（4）凡装放有毒药品的工具（如铁罐、麻袋、玻璃瓶、塑料袋等）不许乱放、随意处理，必须经过消毒、化验无毒后才能使用或处理；

（5）在使用有腐蚀性、刺激性及剧毒物品时，如强酸、强碱、浓氨水、氢化物、三氧化二砷、碘等，必须戴胶皮手套和防护眼镜，且须有人监护；

（6）禁止将有毒物质或致病菌擅自挪用或带出实验室，若发现丢失或被盗窃，应及时报告；

（7）从事微生物检验的人员，工作结束后应洗手消毒，下班时应脱下工作服。

（五）易燃易爆物质的安全使用

（1）凡使用与空气混合后会发生爆炸的混合物时，必须在通风橱内进行操作；

（2）严禁在火源附近进行易燃易爆物质的操作。酸、苯、甲苯、丙酮、汽油等易燃物质，其附近不得有明火；

（3）进行有爆炸的操作所用的玻璃容器，必须使用软木或胶皮塞，禁止使用磨口瓶塞；

（4）禁止将易燃物质（如苯、甲醇、乙醇等）进行明火蒸馏或加热。其沸点低于100 ℃者，应水浴加热；沸点高于100 ℃者，应油浴加热。水浴和油浴应使用闭式电炉，禁止油浴加热到接近油的着火温度；

（5）加热易燃液体，必须在冷却回流器的烧瓶中进行；

（6）蒸发可燃液体时，禁止将蒸汽直接排入室内空间；

（7）熔融石蜡时，应放在沙浴上进行，切莫过热，以免着火；

（8）禁止将氧化剂与可燃物品一起研磨，不能在纸上称量氢氧化钠；

（9）使用爆炸性物品（如高氯酸、过氧化氢等）时禁止振动、碰撞和摩擦；

（10）对于易发生爆炸的操作，应采取安全隔离措施；特别危险的操作（如使用放射性物质）应采取特殊防护措施，并在符合规定的隔离室内进行；

（11）加热操作或实验过程中，如发生着火爆炸，应立即切断电源、热源和气源进行灭火；

（12）取用钾、钠、钙、黄磷时必须使用专用钳子，禁止用手接触。钾、钠、钙存放在煤油中，禁止与水或蒸汽接触，黄磷应放在水中，均应浸没于液体下面与空气隔离；

（13）挥发性有机药品，应放在通风良好的地方、冰箱或铁柜内；低燃点的易燃品，不能放在火源附近。若室温过高，应备有冷却装置。

（六）腐蚀性、刺激性物质的安全使用

（1）稀释浓酸时，必须将酸注入水中，并用玻璃棒缓慢、不停地进行搅拌，禁止将水直接注入酸中，稀释时，应缓慢进行，若温度过高应待冷却后再进行；

（2）溶解化学物品和稀释浓溶液时，必须在耐热容器和硬质玻璃器具中进行；

（3）在处理发烟酸和强腐蚀性物品时，要特别谨慎，防止中毒或灼伤；

（4）当酸、碱溶液等化学试剂灼伤皮肤或溅入眼睛时，应立即用清水冲洗、救护，情节严重的急送医院；

（5）开启盛溴、过氧化氢、盐酸、氢氟酸、发烟酸等物质的瓶塞时，瓶口不得对着人；

（6）溶解氢氧化钠或氢氧化钾时，要严防沸腾溅出，酸碱中和时应缓慢进行，严禁液体飞溅；

（7）禁止浓硝酸与可燃物接触；

（8）如需将浓酸或浓碱中和，应先行稀释，绝不许将浓酸、浓碱直接中和。

（七）防火安全

（1）实验室内严禁抽烟，不准乱抛火柴或其他火种；

（2）实验室内必须设置防火设备，由专人负责保管和补充，灭火器材应放在固定地点。每名实验人员都必须熟悉防火知识，并能操作；

（3）使用易燃易挥发试剂时，附近必须没有火源或远离火种；

（4）对于酒精灯或喷灯，必须在火种熄灭的情况下，才能添加酒精；

（5）加热可燃液体时，不能直接用火加热，必须水浴加热或加垫石棉网；

（6）要经常检查电线是否有漏电现象；

（7）实验室里，可燃试剂的贮存不宜超过规定量（一个月的使用量）。

第五节　实验室学生安全守则

一、总则

（1）进入实验室前，必须了解和遵守实验室的安全规章制度。

（2）实验室是进行科学研究和学习的重要场所，所有学生应尊重并保护实验室的设备、仪器和试剂。

（3）实验室内的任何活动都应优先考虑安全因素，禁止进行任何可能危害个人或他人安全的行为。

二、个人安全

（1）进入实验室需穿着适当的实验服，避免穿着松散、易燃的衣物。

（2）在进行实验时，必须佩戴防护眼镜、手套等个人防护装备。

（3）禁止在实验室内饮食、吸烟或进行其他可能引入污染源的活动。

三、化学品安全

（1）严格遵守化学品的储存和使用规定，不得随意取用未知化学品。

（2）熟悉化学品的性质、危害和急救措施，正确使用和处理化学品。

（3）严禁混合不兼容的化学品，防止发生有毒、易燃或爆炸性的反应。

四、仪器设备安全

（1）使用仪器设备前，应了解其操作方法和注意事项，确保正确使用。

（2）未经许可，不得擅自拆卸、修理或移动实验室的仪器设备。

（3）在使用仪器设备时，应注意观察设备的运行状态，发现异常应及时报告。

五、实验室环境安全

（1）保持实验室整洁，实验结束后及时清理实验台和仪器设备。

（2）化学品应存放在指定的地方，避免阳光直射和高温。

（3）实验室内的消防设施应定期检查，确保其处于良好状态。

六、应急处理

（1）熟知实验室的紧急出口和疏散路线，定期进行安全演练。

（2）了解常见的实验室事故处理方法，如化学品泄漏、火灾等。

（3）发生事故时，应保持冷静，立即报告教师或实验室管理员，并按照应急处理程序进行处置。

七、其他注意事项

（1）禁止在无人看管的情况下进行实验，确保实验过程中始终有人在场。

（2）实验室内的药品、试剂等不得私自带出，如需使用应经过教师或实验室管理员同意。

（3）尊重实验室的开放时间，不得在非开放时间擅自进入实验室。

所有学生应严格遵守以上实验室学生安全守则，共同营造一个安全、和谐的实验环境。如有任何疑问或需要帮助，须及时与教师或实验室管理员联系。

第二章 基础性实验

实验一 糖类的性质实验（糖类的颜色反应）

一、实验目的

（1）了解糖类的 α-萘酚反应［莫氏（Molisch）反应］原理。

（2）了解糖类的间苯二酚反应［塞氏（Seliwanoff）反应］原理。

（3）掌握利用糖的颜色反应鉴别糖类的方法。

二、实验原理

（一）Molisch 反应原理

糖在浓无机酸（浓硫酸、浓盐酸）作用下，脱水生成糠醛及其衍生物，后者能与 α-萘酚生成紫红色复合物，在糖液和浓酸的液面间形成紫环，因此该反应又被称为紫环反应。因为糠醛及糠醛衍生物对此反应均呈阳性，故此反应不是糖类的特异性反应。

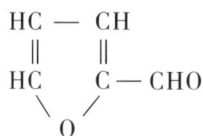

糠醛（呋喃醛）

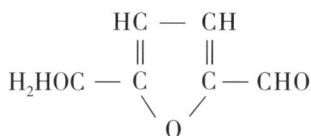

糠醛衍生物

（二）Seliwanoff 反应原理

在酸作用下，酮糖脱水生成 5-羟甲基糠醛，后者再与间苯二酚作用生成红色物质。此反应是酮糖的特异性反应。醛糖在同样条件下呈色反应缓慢，只有在糖浓度较高或煮沸时间较长时，才呈微弱的阳性反应。

三、实验仪器与试剂

（一）实验仪器

水浴锅，试管，试管架，吸量管或移液枪等。

（二）实验试剂

（1）莫氏（Molisch）试剂：称取 α-萘酚 5 g，溶于 95% 酒精中，定容至 100 mL，贮于棕色瓶内，用前配制。

（2）塞氏（Seliwanoff）试剂：称取间苯二酚 50 mg 溶于 30 mL 浓盐酸中，再用蒸馏水稀释至 100 mL，用前配制。

（3）1% 葡萄糖溶液：称取 1 g 葡萄糖，用蒸馏水溶解，定容至 100 mL。

（4）1% 果糖溶液：称取 1 g 果糖，用蒸馏水溶解，定容至 100 mL。

（5）1% 蔗糖溶液：称取 1 g 蔗糖，用蒸馏水溶解，定容至 100 mL。

（6）1% 淀粉液：称取 1 g 淀粉，用蒸馏水溶解，定容至 100 mL。

（7）1% 糠醛溶液：称取 1 g 糠醛，用蒸馏水溶解，定容至 100 mL。

（8）浓硫酸 500 mL。

四、实验步骤

（一）Molisch 反应实验步骤

取 5 支试管，分别加入 1% 葡萄糖溶液、1% 果糖溶液、1% 蔗糖溶液、1% 淀粉液、1% 糠醛溶液各 1 mL，再向 5 支试管中各加入 2 滴莫氏（Molisch）试剂，充分混合。斜执试管，沿管壁慢慢加入浓硫酸 1.5 mL，慢慢立起试管（切勿摇动），浓硫酸层沉于试管底部，上层为糖液，观察到液面分界处有紫红色环出现。观察、记录各管颜色。

（二）Seliwanoff 反应实验步骤

取 3 支试管，分别加入 1% 葡萄糖溶液、1% 果糖溶液、1% 蔗糖溶液各 0.5 mL，再向各管中分别加入塞氏（Seliwanoff）试剂 2.5 mL，摇匀。将 3 支试管同时放入沸水浴中，观察、记录各管颜色变化及红色出现的先后顺序。

五、思考题

（1）可用何种颜色反应鉴别酮糖的存在？

（2）α-萘酚反应的原理是什么？

实验二 糖类的性质实验（糖类的还原作用）

一、实验目的

学习并掌握利用糖类还原反应来鉴定糖的原理及其方法。

二、实验原理

糖类由于其分子中含有醛基或酮基，因此在碱性溶液中能将铜、铁等金属离子还原，同时糖类本身被氧化成糖酸及其他产物。糖类的这种性质常被用于检测糖的还原性及还原糖的定量测定。

费林（Fehling）试剂和本尼迪克特（Benedict）试剂均为含有 Cu^{2+} 的碱性溶液，能使还原糖氧化而本身被还原成红色或黄色的 Cu_2O 沉淀。生成 Cu_2O 沉淀的颜色之所以不同是由于在不同条件下产生的沉淀颗粒大小不同，颗粒小呈黄色，颗粒大则呈红色。

三、实验仪器与试剂

（一）实验仪器

试管，试管架，吸量管或移液枪，水浴锅，电磁炉等。

（二）实验试剂

1. 费林（Fehling）试剂

甲液（硫酸铜溶液）：称取 34.5 g 硫酸铜（$CuSO_4 \cdot 5H_2O$）溶于 500 mL 蒸馏水中。

乙液（碱性酒石酸钾钠溶液）：称取 125 g 氢氧化钠、137 g 酒石酸钾钠，溶于 500 mL 蒸馏水中。

为避免变质，甲、乙液分开保存。用前，将甲、乙二液等量混合即可。

2. 本尼迪克特（Benedict）试剂

称取 8.5 g 柠檬酸钠（$Na_3C_6H_3O_7 \cdot 11H_2O$）及 50 g 无水碳酸钠于 400 mL 蒸馏水中，加热使其溶解。

另称取 8.5 g 硫酸铜溶解于 50 mL 热蒸馏水中，将硫酸铜溶液缓缓地加入柠檬酸钠-碳酸钠溶液中，边加边搅拌，混匀，如有沉淀，过滤后贮于试剂瓶中可长期使用。

3. 1%葡萄糖溶液

称取 1 g 葡萄糖，用蒸馏水溶解，定容至 100 mL。

4. 1%蔗糖溶液

称取 1 g 蔗糖，用蒸馏水溶解，定容至 100 mL。

5. 1%麦芽糖溶液

称取 1 g 麦芽糖，用蒸馏水溶解，定容至 100 mL。

四、实验步骤

取 3 支试管，分别加入 2 mL 费林（Fehling）试剂，再向各试管中分别加入 1%葡萄糖溶液、1%蔗糖溶液、1%麦芽糖溶液各 1 mL，置沸水浴中加热数分钟。取出，冷却，观察各管溶液的变化。

另取 3 支试管，用本尼迪克特（Benedict）试剂重复上述实验。观察各管溶液的变化，并比较两种方法的实验结果。

五、思考题

（1）费林（Fehling）试剂、本尼迪克特（Benedict）试剂检验糖的原理分别是什么？

（2）比较费林（Fehling）试剂、本尼迪克特（Benedict）试剂的不同点。

实验三　总糖的测定——硫酸-蒽酮法

一、实验目的

掌握用硫酸-蒽酮法测定总糖含量的原理和方法。

二、实验原理

在浓硫酸作用下，糖脱水生成糠醛或羟甲基糠醛，再与蒽酮（$C_{14}H_{10}O$）反应，生成糠醛衍生物（呈蓝绿色）。该物质在 620 nm 处有最大光吸收，其颜色深浅与糖含量成正比。

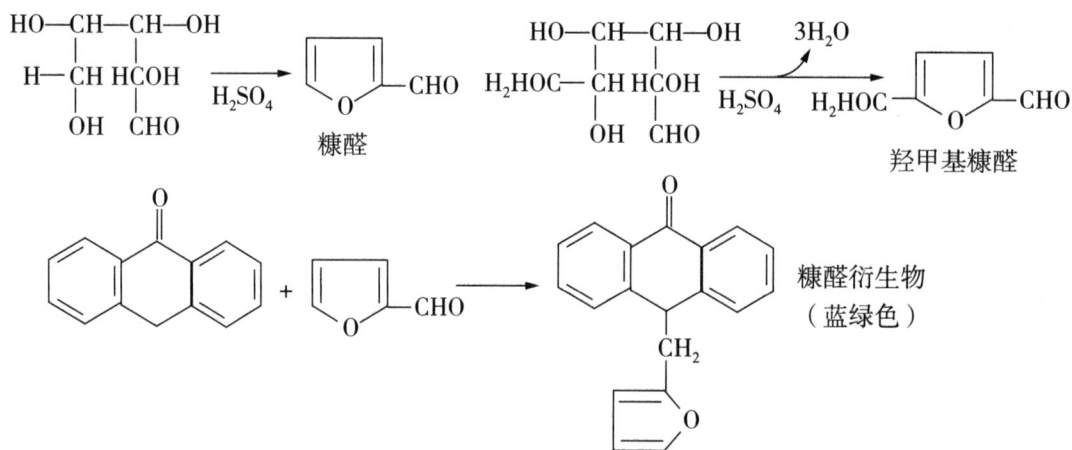

三、实验材料、仪器与试剂

（一）实验材料

白菜叶等。

（二）实验仪器

恒温水浴锅，分光光度计，电子天平，容量瓶，吸量管（2 mL、5 mL）或移液器等。

（三）实验试剂

（1）100 $\mu g \cdot mL^{-1}$ 葡萄糖标准液：称取恒重的葡萄糖 100 mg，用蒸馏水溶解，定容至 1000 mL。

（2）98% 浓硫酸。

（3）蒽酮试剂：将 0.2 g 蒽酮溶于 100 mL 浓 H_2SO_4 中，当日配制使用。

四、实验步骤

（一）葡萄糖标准曲线的制作

取 6 支 20 mL 试管，编号，按照表 2-1 中数据配制一系列不同浓度的葡萄糖溶液，并于每支试管中立即加入蒽酮试剂 4.0 mL，摇匀，沸水浴 10 min，取出，冰浴冷却至室温。将 1

号试管调零，于 620 nm 波长下比色，测定各管的吸光度值。以葡萄糖含量（μg）为横坐标，吸光度值为纵坐标，绘制葡萄糖标准曲线。

表 2-1 葡萄糖标准曲线制作

试剂名称	试管号					
	1	2	3	4	5	6
葡萄糖标准液/mL	0.0	0.2	0.4	0.6	0.8	1.0
蒸馏水/mL	2.0	1.8	1.6	1.4	1.2	1.0
葡萄糖含量/μg	0	20	40	60	80	100
蒽酮试剂/mL	4.0	4.0	4.0	4.0	4.0	4.0
摇匀，沸水浴 10 min，冰浴冷却至室温						
A_{620}	0					

（二）样品中可溶性糖的提取

称取 1 g 白菜叶，剪碎，置于研钵中，加入少量蒸馏水，研磨成匀浆，然后转入 20 mL 刻度试管中，用 10 mL 蒸馏水分次洗涤研钵，洗液一并转入刻度试管中。置沸水浴中加盖煮沸 10 min，冷却后过滤，将滤液收集于 100 mL 容量瓶中，用蒸馏水定容至刻度，摇匀备用。

（三）糖含量测定

吸取 1 mL 白菜叶提取液，稀释至适当浓度（实验者摸索），吸取 1 mL 已稀释的提取液于试管中，加入 4.0 mL 蒽酮试剂，平行 3 份；空白管以等量蒸馏水取代提取液。以下操作同葡萄糖标准曲线的制作。根据 A_{620}，在标准曲线上查出葡萄糖的含量（μg）。

五、结果处理

$$样品含糖量(\%)=\frac{C \times V_{总} \times D}{W \times V_{测} \times 10^6} \times 100$$

式中，C 为在标准曲线上查出的糖含量（μg）；$V_{总}$ 为提取液总体积（mL）；$V_{测}$ 为测定时取用体积（mL）；D 为稀释倍数；W 为样品重量（g）；10^6 为样品重量单位由 g 换算成 μg 的倍数。

六、思考题

（1）用水提取的糖类有哪些？

（2）制作葡萄糖标准曲线时应注意哪些问题？

实验四　还原糖和总糖的测定——3,5-二硝基水杨酸比色法

一、实验目的

（1）掌握还原糖和总糖测定的基本原理。

（2）掌握比色法测定还原糖和总糖的操作方法。

（3）学会分光光度计的使用方法。

二、实验原理

还原糖是指含有自由醛基或酮基的糖类。利用糖的溶解度不同，我们可将植物样品中的单糖、双糖和多糖分别提取出来，对没有还原性的双糖和多糖，可用酸水解法使其降解成有还原性的单糖进行测定，再分别求出样品中还原糖和总糖的含量（还原糖以葡萄糖含量计）。

还原糖在碱性条件下加热可被氧化成糖酸及其他产物，3,5-二硝基水杨酸则被还原为棕红色的3-氨基-5-硝基水杨酸（图2-1）。在一定范围内，还原糖的量与棕红色物质颜色的深浅成正比，利用分光光度计，在540 nm波长下测定吸光度值，查标准曲线并计算，便可求出样品中还原糖和总糖的含量。由于多糖水解为单糖时，每断裂一个糖苷键需加入一分子水，所以在计算多糖含量时应乘以0.9。

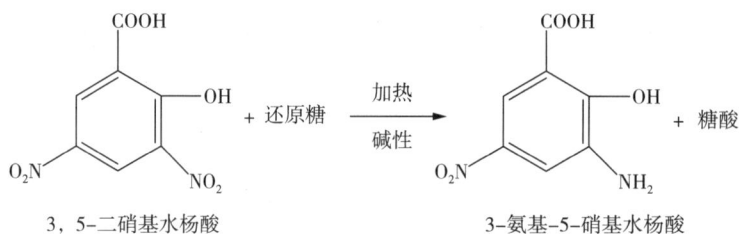

图2-1　比色法测定还原糖含量的原理

三、实验材料、仪器与试剂

（一）实验材料

食用面粉等。

（二）实验仪器

15 mL离心管，10 mL离心管，50 mL烧杯，100 mL三角瓶，25 mL容量瓶，吸量管（1 mL、2 mL、5 mL和10 mL）或移液器（1 mL、5 mL），恒温水浴锅，电磁炉，离心机，电子天平，分光光度计等。

（三）实验试剂

（1）1 mg·mL^{-1}葡萄糖标准液：准确称取80 ℃烘至恒重的分析纯葡萄糖100 mg，置于小烧杯中，加少量蒸馏水溶解后，转移到100 mL容量瓶中，用蒸馏水定容至100 mL，混

匀，4 ℃冰箱中保存备用。

（2）3,5-二硝基水杨酸（DNS）试剂：将 6.3 g DNS 和 262 mL 2 mol·L⁻¹ NaOH 溶液，加至 500 mL 含有 185 g 酒石酸钾钠的热溶液中，再加 5 g 结晶酚和 5 g 亚硫酸钠，搅拌溶解，冷却后加蒸馏水定容至 1000 mL，贮于棕色瓶中备用。

（3）酚酞指示剂：称取 0.1 g 酚酞，溶于 250 mL 70％乙醇中。

（4）6 mol·L⁻¹ HCl 溶液：量取 50 mL 浓盐酸，加等体积的蒸馏水，混匀。

（5）6 mol·L⁻¹ NaOH 溶液：称取 24 g NaOH 溶解于 100 mL 蒸馏水中，混匀。

四、实验步骤

1. 还原糖的提取

准确称取 0.60 g 食用面粉于 10 mL 离心管中，用蒸馏水补齐至 10 mL，充分摇匀，置 50 ℃恒温水浴中保温 20 min，使还原糖浸出。然后以 4,000 r·min⁻¹ 的转速离心 5 min，上清液收集于 25 mL 容量瓶中，蒸馏水定容至刻度，混匀，作为还原糖待测液。

2. 总糖的水解和提取

准确称取 0.25 g 食用面粉于 15 mL 离心管中，加 3.75 mL 蒸馏水及 2.5 mL 6 mol·L⁻¹ HCl 溶液，搅匀，置沸水浴中加热水解 30 min。将离心管中溶液转入小烧杯中，加入 1 滴酚酞，再逐滴加入 6 mol·L⁻¹ NaOH 溶液至溶液微红，转入 25 mL 容量瓶中，用蒸馏水定容至刻度线，混匀。将定容后的水解液用滤纸过滤，取滤液 2.5 mL，移入另一个 25 mL 容量瓶中，用蒸馏水定容至刻度，混匀，作为总糖待测液。

3. 葡萄糖标准曲线制作及样品的测定

取 8 支 15 mL 具塞刻度离心管，编号，按表 2-2 分别加入各种试剂。

表 2-2 葡萄糖标准曲线制作及样品的测定

管号	葡萄糖/mL	还原糖待测液/mL	总糖待测液/mL	蒸馏水/mL	DNS/mL	葡萄糖含量/mg	吸光值/(540 nm)
0	0	—	—	2.0	1.5	0	0
1	0.2	—	—	1.8	1.5	0.2	
2	0.4	—	—	1.6	1.5	0.4	
3	0.6	—	—	1.4	1.5	0.6	
4	0.8	—	—	1.2	1.5	0.8	
5	1.0	—	—	1.0	1.5	1.0	
6	—	1.0	—	1.0	1.5		
7	—	—	1.0	1.0	1.5		

将各管摇匀，在沸水浴中准确加热 5 min，取出，冷却至室温。用蒸馏水定容至 10 mL 刻度线，盖好盖子后颠倒混匀，于分光光度计上进行比色。将波长调至 540 nm，用 0 号管调至零点，测出 1～7 号管的吸光度值；并以 0～5 号管的吸光度值为纵坐标，葡萄糖含量（mg）为横坐标，绘出葡萄糖标准曲线。

五、结果与计算

在葡萄糖标准曲线上分别查出 6 号管和 7 号管对应的还原糖毫克数，按下式计算出样品中还原糖和总糖的百分量。

$$还原糖(\%) = \frac{查曲线所得葡萄糖毫克数 \times 提取液总体积}{样品毫克数 \times 测定时取用体积} \times 100$$

$$总糖(\%) = \frac{查曲线所得葡萄糖毫克数 \times 提取液总体积 \times 稀释倍数}{样品毫克数 \times 测定时取用体积} \times 0.9 \times 100$$

六、注意事项

(1) 离心时对称位置的离心管必须配平。

(2) 葡萄糖标准曲线制作与样品测定应同时进行显色，并使用同一空白调零。

七、思考题

(1) 3,5-二硝基水杨酸比色法是如何对总糖进行测定的？

(2) 如何正确绘制和使用葡萄糖标准曲线？

实验五　脂肪酸的 β-氧化

一、实验目的

（1）了解脂肪酸的 β-氧化作用。

（2）通过测定和计算反应液中丁酸氧化生成丙酮的量，掌握测定 β-氧化作用的方法及其原理。

二、实验原理

肝内脂肪酸经 β-氧化作用生成乙酰辅酶 A，两分子乙酰辅酶 A 可缩合生成乙酰乙酸。乙酰乙酸可脱羧生成丙酮，也可还原生成 β-羟丁酸。乙酰乙酸、β-羟丁酸和丙酮总称为酮体。

酮体作为有机体代谢的中间产物，在正常情况下，其产量甚微。患糖尿病或食用高脂肪膳食时，血中酮体含量增高，尿中也会出现酮体。

本实验对新鲜肝糜与丁酸进行保温，生成的丙酮在碱性条件下与碘生成碘仿。丙酮的量可用碘仿反应滴定。反应式如下：

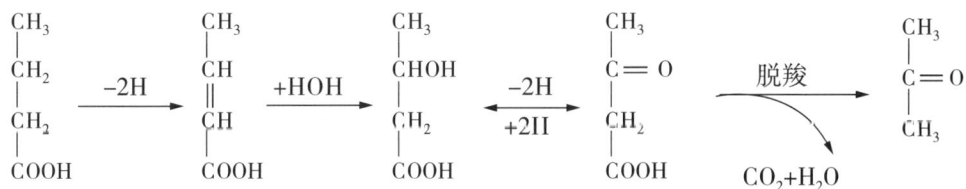

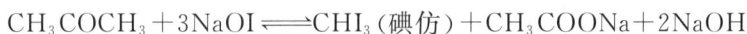

$$2NaOH + I_2 \Longrightarrow NaOI + NaI + H_2O$$

$$CH_3COCH_3 + 3NaOI \Longrightarrow CHI_3(碘仿) + CH_3COONa + 2NaOH$$

剩余的碘可用标准硫代硫酸钠（$Na_2S_2O_3$）滴定。反应式如下：

$$NaOI + NaI + 2HCl \Longrightarrow I_2 + 2NaCl + H_2O$$

$$I_2 + 2Na_2S_2O_3 \Longrightarrow Na_2S_4O_6 + 2NaI$$

根据滴定样品与滴定对照所消耗的 $Na_2S_2O_3$ 溶液体积之差，我们可以计算出由丁酸氧化生成丙酮的量。

三、实验材料、仪器与试剂

（一）实验材料

家兔（或鸡、大鼠）的新鲜肝等。

（二）实验仪器

剪刀，镊子，漏斗，50 mL 锥形瓶，碘量瓶，试管和试管架，吸量管（5 mL、10 mL）或 5 mL 移液器，微量滴定管，匀浆器或研钵，恒温水浴锅等。

（三）实验试剂

（1）$1 g \cdot L^{-1}$ 淀粉溶液：称取 1 g 可溶性淀粉，溶于 1 L 饱和氯化钠溶液中。

（2）$9 g \cdot L^{-1}$ 氯化钠溶液：称取分析纯氯化钠 0.9 g，加蒸馏水定容至 100 mL。

（3）$0.5 mol \cdot L^{-1}$ 正丁酸溶液（pH = 7.6）：取 5 mL 正丁酸溶于 100 mL 的 $0.5 mol \cdot L^{-1}$ 氢氧化钠溶液中。

（4）10％三氯乙酸溶液：称取分析纯三氯乙酸 10 g，加蒸馏水定容至 100 mL。

（5）10％氢氧化钠溶液：称取分析纯氢氧化钠 10 g，加蒸馏水定容至 100 mL。

（6）10％盐酸溶液：量取浓盐酸 28 mL，溶解于蒸馏水中，并定容至 100 mL。

（7）$0.1 mol \cdot L^{-1}$ 碘溶液：称取 12.7 g 碘和约 25 g 碘化钾溶于水中，稀释到 1000 mL，混匀，用 $0.05 mol \cdot L^{-1}$ 标准硫代硫酸钠溶液标定。

（8）标准 $0.01 mol \cdot L^{-1}$ 硫代硫酸钠溶液：临用时将已标定的 $0.05 mol \cdot L^{-1}$ 硫代硫酸钠溶液稀释成 $0.01 mol \cdot L^{-1}$。

（9）$1/15 mol \cdot L^{-1}$、pH＝7.6 磷酸盐缓冲液：86.8 mL 的 $1/15 mol \cdot L^{-1}$ 磷酸氢二钠与 13.2 mL 的 $1/15 mol \cdot L^{-1}$ 磷酸二氢钠混合。

四、实验步骤

（一）肝匀浆的制备

鸡颈部放血，处死鸡，取出肝。用 $9 g \cdot L^{-1}$ 的氯化钠溶液洗去表面的污血后，用滤纸吸去表面溶液，称取肝组织 5 g 并置于研钵中，加入少许 $9 g \cdot L^{-1}$ 的氯化钠溶液，将肝组织研磨成肝匀浆。再加入 $9 g \cdot L^{-1}$ 的氯化钠溶液，使肝匀浆总体积达 10 mL。

（二）酮体的生成

取 2 只锥形瓶，按表 2-3 编号后，分别加入各试剂。

表 2-3　脂肪酸 β-氧化及酮体的生成

编号	A（对照）	B（样品）
$1/15 mol \cdot L^{-1}$、pH＝7.6 磷酸盐缓冲液/mL	3.0	3.0
$0.5 mol \cdot L^{-1}$ 正丁酸溶液/mL	—	2.0
新鲜肝匀浆/mL	2.0	2.0
于 43 ℃恒温水浴锅中保温 40 min		
10％三氯乙酸溶液/mL	3	3
$0.5 mol \cdot L^{-1}$ 正丁酸溶液/mL	2.0	—
摇匀，室温放置 10 min 后，分别过滤并收集滤液于 2 支试管中		

（三）酮体的测定

（1）另取 2 只锥形瓶，按表 2-4 编号后加入有关试剂。加完试剂后摇匀，放置 10 min。

表 2-4 酮体的测定

编号	A（对照）	B（样品）
滤液	3.0	3.0
$0.1\ mol \cdot L^{-1}$ 碘溶液	3.0	3.0
10% NaOH 溶液	3.0	3.0

（2）于各锥形瓶中滴加 10% 盐酸溶液 3 mL，使各瓶溶液中和至中性或微酸性。

（3）用 $0.01\ mol \cdot L^{-1}$ 的 $Na_2S_2O_3$ 滴定至锥形瓶中溶液呈浅黄色时，往锥形瓶中滴加 $1\ g \cdot L^{-1}$ 淀粉溶液 2～3 滴作指示剂，使瓶中溶液呈蓝色。

（4）用 $0.01\ mol \cdot L^{-1}$ 的 $Na_2S_2O_3$ 继续滴定至锥形瓶中溶液的蓝色消退。

（5）记下滴定终点时所用的 $Na_2S_2O_3$ 溶液的体积（mL），计算样品中丙酮的生成量。

五、结果与计算

实验中所用肝匀浆中生成的丙酮量，即每克肝组织在 43 ℃时生成的丙酮量（$mmol \cdot g^{-1}$），按照如下公式计算：

$$丙酮的量(mmol \cdot g^{-1}) = (V_A - V_B) \times c \times \frac{1}{6} \times \frac{1}{0.3}$$

式中，V_A 为滴定 A 样品时所消耗的 $0.01\ mol \cdot L^{-1}\ Na_2S_2O_3$ 溶液的体积（mL）；V_B 为滴定 B 样品时所消耗的 $0.01\ mol \cdot L^{-1}\ Na_2S_2O_3$ 溶液的体积（mL）；c 为 $Na_2S_2O_3$ 的浓度（$mol \cdot L^{-1}$）；$\frac{1}{6}$ 为丙酮与 $Na_2S_2O_3$ 的摩尔数比，即从反应原理可知，与等量的碘反应，$Na_2S_2O_3$ 物质的量是丙酮酸物质的量的 6 倍；$\frac{1}{0.3}$ 是测定酮体时所用的 3 mL 的滤液换算成 1 g 肝组织的系数，即 $1 \div 3 \times 10 \div 2 \times 10 \div 5$。

六、注意事项

（1）在低温下制备新鲜的肝匀浆，以保证酶的活性。

（2）加 10% 盐酸溶液后即有 I_2 析出，I_2 会升华，所以要尽快进行滴定。滴定的速度前快后慢，当溶液变为浅黄色后，加入指示剂时要慢慢地一滴一滴地滴加。

（3）滴定时淀粉指示剂不能加入太早，当被滴定液变为浅黄色时加入，否则影响对终点的观察和滴定结果。

七、思考题

（1）为什么说做好本实验的关键是制备新鲜的肝匀浆？

（2）什么是酮体？为什么正常代谢时产生的酮体量很少？在什么情况下血中酮体含量增高，而尿中也能出现酮体？

（3）实验中的三氯乙酸溶液起什么作用？

实验六 氨基酸的薄层层析

一、实验目的

(1) 熟悉用薄层层析法分离氨基酸的基本原理。

(2) 掌握氨基酸薄层层析法的操作技术。

二、实验原理

氨基酸薄层层析属于吸附层析，主要根据各种氨基酸在吸附剂表面的吸附能力不同进行分离或提纯的一种方法。将硅胶（吸附剂——作为固定相的支持剂）均匀地铺在玻璃板上，并将氨基酸样品点于吸附剂上，在密闭容器中，吸附剂的毛细管作用使展层剂上行将样品展开。被分离的氨基酸因结构不同，与吸附剂的亲和力也不同。吸附力大的就容易被吸附剂吸附，而较难被溶剂所冲洗（即解吸）；吸附力小的就容易被溶剂携带至较远的距离。氨基酸在吸附剂和展层剂之间反复多次地进行吸附和解吸附，从而达到分离的目的。

三、实验材料、仪器与试剂

（一）实验仪器

层析缸，玻璃板，烘箱，喷雾器，手套，直尺，研钵，移液枪或吸量管，毛细管或移液器吸头，分析天平等。

（二）实验试剂

(1) 标准氨基酸溶液：甘氨酸、精氨酸、酪氨酸及三种氨基酸的混合液，用蒸馏水配制，浓度为 0.5%。

(2) 显色剂：0.2% 的水合茚三酮丙酮溶液。

(3) 展层剂：正丁醇：冰醋酸：水 $=4:1:1$ ($V:V:V$)。

(4) 0.5% 羧甲基纤维素钠溶液：取羧甲基纤维素钠 5 g 溶于 1000 mL 蒸馏水中，煮沸，静置冷却，弃沉淀，取上清液备用。

(5) 硅胶 G，用时加入 0.5% 羧甲基纤维素钠溶液研磨均匀。

四、实验步骤

（一）薄板的制备

(1) 称取硅胶 G 0.5 g 放入研钵中，加 2.0 mL 0.5% 羧甲基纤维素钠溶液，研磨成匀浆。

(2) 将上述匀浆尽可能全部倾倒于 5 cm×10 cm 的层析薄板（图 2-2）上，使之均匀地布满于玻璃板上，将玻璃板轻轻地前、后、左、右晃动，使硅胶 G 均匀分布、表面平坦、光滑、无水层及气泡，然后水平放置于空气中使其自然干燥 10 min，于烘箱中 60 ℃烘 10 min，使其完全干燥；再 105 ℃活化约 30 min，然后取出，冷却备用。

（二）点样

(1) 于距离玻璃板一端约 2 cm 处用铅笔轻轻画线，并用直尺将该线条均匀分为 5 等份，用"×"作标记，为样品点样处。

（2）取移液器吸头，分别吸取甘氨酸、精氨酸、酪氨酸及混合氨基酸溶液，于点样线上"×"处点样，点样直径为 2～3 mm。待点样处干后，再将样品在原点样处重复点 1～2 次。

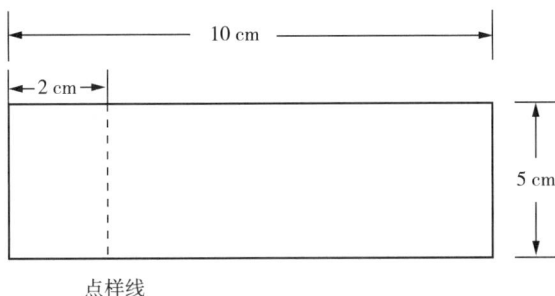

图 2-2　层析薄板

（三）展层

（1）硅胶板的点样端向下，倾斜地放入层析缸内，使其与缸底平面呈约 60°。

（2）展层剂离点样线约 1 cm。

（3）盖上层析缸盖进行层析。

（4）当展层剂前沿到达硅胶板全长约 3/4 处时停止层析，取出硅胶板，用铅笔记下展层剂前沿位置，将硅胶板置于干燥箱中 105 ℃烘干。

（四）显色

（1）将 0.2%茚三酮丙酮溶液均匀地淋洒于硅胶板上。

（2）将硅胶板置于 105 ℃干燥箱内烘干，2 min 左右即可显出紫红色斑点。

五、结果与计算

计算 R_f 值：

$$R_f \text{值} = \frac{\text{氨基酸移动的距离}}{\text{溶剂移动的距离}} = \frac{\text{点样线至色斑中心的距离（cm）}}{\text{点样线至溶剂前沿的距离（cm）}}$$

（1）分别测量并计算甘氨酸、精氨酸、酪氨酸的 R_f 值，作为标准。

（2）再测出混合液中分离出的各种氨基酸的 R_f 值，与标准值对照，以确定氨基酸的种类。

六、注意事项

（1）硅胶薄板活化前必须干燥，否则硅胶易干裂。

（2）第二次重复点样须待第一次点样处干后才能进行。

（3）层析时缸盖一定要紧密盖好。

七、思考题

（1）何为薄层层析？其分离样品的原理是什么？

（2）何为 R_f 值？

实验七 蛋白质两性性质及等电点测定

一、实验目的

（1）掌握蛋白质等电点（pI）的意义、测定方法及其原理。

（2）了解蛋白质在不同 pH 值环境中解离的方式及程度。

二、实验原理

蛋白质同氨基酸一样，是两性电解质，蛋白质分子的解离状态和解离程度受溶液的酸碱度影响，蛋白质在不同 pH 溶液中存在着下列平衡：

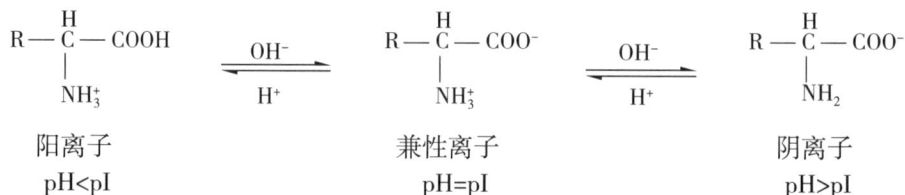

调节溶液的 pH，使蛋白质分子的酸性解离与碱性解离程度相等，即所带正、负电荷相等，净电荷为零。在电场中，蛋白质既不向阴极移动，也不向阳极移动，此时溶液的 pH 值称为此种蛋白质的等电点（pI）。在等电点时，蛋白质溶解度最小，溶液的浑浊度最大。配制不同 pH 的缓冲液，观察蛋白质在这些缓冲液中的溶解情况，即可确定蛋白质的等电点。

三、实验材料、仪器与试剂

（一）实验仪器

试管和试管架，吸量管（1 mL、2 mL、10 mL）或移液器，胶头滴管等。

（二）实验试剂

（1）1.0 mol·L^{-1}乙酸溶液：吸取 99.5％乙酸（比重为 1.05）2.875 mL，用蒸馏水定容至 50 mL。

（2）0.1 mol·L^{-1}乙酸溶液：吸取 1 mol·L^{-1}乙酸溶液 5 mL，用蒸馏水定容至 50 mL。

（3）0.01 mol·L^{-1}乙酸溶液：吸取 0.1 mol·L^{-1}乙酸溶液 5 mL，用蒸馏水定容至 50 mL。

（4）0.2 mol·L^{-1} NaOH 溶液：称取 NaOH 2.000 g，加水溶解后用蒸馏水定容至 50 mL，配成 1 mol·L^{-1}NaOH 溶液。然后量取 1 mol·L^{-1} NaOH 溶液 10 mL，用蒸馏水定容至 50 mL，配成 0.2 mol·L^{-1} NaOH 溶液。

（5）0.2 mol·L^{-1}盐酸溶液：吸取 37.2％（比重为 1.19）盐酸 4.17 mL，用蒸馏水定容至 50 mL，配成 1 mol·L^{-1}盐酸溶液。然后吸取 1 mol·L^{-1}盐酸溶液 10 mL，用蒸馏水定容至 50 mL，配成 0.2 mol·L^{-1}盐酸溶液。

（6）0.01％溴甲酚绿指示剂：称取溴甲酚绿 0.005 g，加 0.29 mL 1 mol·L^{-1} NaOH 溶

液，然后用蒸馏水定容至 50 mL。

（7）0.5％酪蛋白溶液：称取酪蛋白（干酪素）0.25 g，加少量蒸馏水和 1 mol·L^{-1} NaOH 溶液 5 mL，搅拌溶解后，再加入 1 mol·L^{-1} 乙酸溶液 5 mL，转移至 50 mL 容量瓶中，最后加蒸馏水定容至 50 mL，充分摇匀。

四、实验步骤

（一）蛋白质的两性反应

（1）取一支试管，加入 0.5％酪蛋白溶液 1 mL，再加入溴甲酚绿指示剂 4 滴，摇匀。此时溶液呈蓝色，无沉淀生成。

（2）用胶头滴管慢慢加入 0.2 mol·L^{-1} 盐酸溶液，边加边摇，直到有大量的沉淀生成。此时溶液的 pH 值接近酪蛋白的等电点。观察溶液颜色的变化情况。

（3）继续滴加 0.2 mol·L^{-1} 盐酸溶液，沉淀会逐渐减少以至消失。观察此时溶液颜色的变化情况。

（4）滴加 0.2 mol·L^{-1} NaOH 溶液进行中和，沉淀又出现。继续滴加 0.2 mol·L^{-1} NaOH 溶液，沉淀又逐渐消失。观察溶液颜色的变化情况。

（二）酪蛋白等电点的测定

（1）取同样规格的试管 7 支，按表 2-5 精确地加入下列试剂：

表 2-5 酪蛋白等电点的测定

编号	A（对照）	B（对照）
无蛋白滤液/mL	3.0	3.0
0.1 mol·L^{-1} 碘液/mL	3.0	3.0
100 g·L^{-1} NaOH 溶液/mL	3.0	3.0

（2）充分摇匀，然后依次向以上各试管内加入 0.5％酪蛋白溶液 1 mL，边加边摇，摇匀后静置 10 min，观察各管的浑浊度。

（3）用"－、＋、＋＋、＋＋＋"等符号表示各管的浑浊度。根据浑浊度判断酪蛋白的等电点。最浑浊的一管的 pH 值即酪蛋白的等电点。

五、注意事项
（1）各种试剂的浓度配制和加入的计量（毫升数）都必须相当准确。
（2）实验时各项操作均按定量分析要求的标准进行。

六、思考题
（1）为什么鸡蛋清可以用作铅、汞中毒的解毒剂？
（2）蛋白质两性反应中沉淀变化的原因是什么？
（3）蛋白质溶液在等电点时最不稳定，最容易沉淀。为什么？

实验八 双缩脲法测定蛋白质含量

一、实验目的

（1）了解双缩脲法测定蛋白质含量的原理。

（2）掌握双缩脲法测定蛋白质含量的操作方法。

二、实验原理

双缩脲是由两分子尿素缩合而成的化合物，在碱性溶液中双缩脲与硫酸铜反应生成紫红色络合物，此反应即双缩脲反应。

含有两个或两个以上肽键的化合物，都能发生双缩脲反应。蛋白质含有多个肽键，在碱性溶液中能与 Cu^{2+} 络合成紫红色络合物，其颜色深浅与蛋白质的浓度成正比。我们可以用比色法来测定蛋白质含量。反应方程式如下：

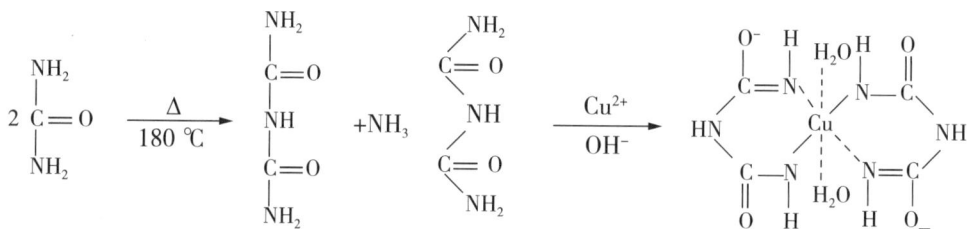

在一定条件下，未知样品的溶液与标准蛋白质溶液同时反应，并于 540 nm 处比色，可以通过标准蛋白质的标准曲线，求出未知样品的蛋白质浓度。标准蛋白质溶液，可以用酪蛋白粉末配制。

三、实验材料、仪器与试剂

（一）实验材料

动物血清：动物血清用水稀释 10 倍，置于冰箱中保存备用。

（二）实验仪器

分光光度计，电热恒温水浴锅，试管，吸量管（1 mL、2 mL、5 mL），容量瓶 100 mL等。

（三）实验试剂

（1）标准蛋白溶液（10 mg·mL^{-1}）：准确称取已定氮的酪蛋白 10 g，用 0.05 mol·L^{-1} 氢氧化钠（NaOH）溶液定容至 1 L，于 0~4 ℃冰箱中存放备用。

（2）双缩脲试剂：将 1.5 g 硫酸铜（$CuSO_4 \cdot 5H_2O$）和 6.0 g 酒石酸钾钠（$NaKC_4H_4O_6 \cdot 4H_2O$）溶解于 500 mL 蒸馏水中，边搅拌边加入 300 mL 10%氢氧化钠溶液，用蒸馏水稀释并定容至 1000 mL，贮存于内壁涂以石蜡的瓶内。此试剂可长期保存。

四、实验步骤

（一）绘制标准曲线

将 7 支干燥试管进行编号，按表 2-6 加入相应试剂。

表 2-6 蛋白质标准曲线及样品的测定

试剂名称	试管号						
	1	2	3	4	5	6	7
标准蛋白溶液/mL	0	0.2	0.4	0.6	0.8	1	0
待测样品/mL	0	0	0	0	0	0	1
蒸馏水/mL	2	1.8	1.6	1.4	1.2	1	1
标准蛋白含量/（mg·mL^{-1}）	0	2	4	6	8	10	0
双缩脲试剂/mL	4	4	4	4	4	4	4
吸光度 A_{540}							

各管混匀后，分别加入双缩脲试剂 4.0 mL，充分混匀，于 37 ℃下水浴 30 min，于波长 540 nm 处比色，显色后 30 min 内比色，30 min 后可能有雾状沉淀产生。各管由显色到比色的时间应尽可能一致。以 0 号管调零点测定各管吸光度，以蛋白质含量为横坐标，吸光度为纵坐标，绘制标准曲线。

（二）样品测定

取未知浓度的蛋白溶液（动物血清蛋白溶液）1.0 mL 于试管内，加蒸馏水 1.0 mL，加入双缩脲试剂 4.0 mL 充分混匀，于 540 nm 处测量吸光度，对照标准曲线，求得未知溶液的蛋白质浓度（含量）。再根据稀释样品稀释倍数将其换算为 mg/100 mL。

五、结果与计算

血清总蛋白质（mg/100 mL）＝由标准曲线查得的未知溶液的蛋白质浓度×样品稀释倍数

$$蛋白质浓度（mg/100\ mL）＝\frac{样品吸光度－空白吸光度}{标准曲线的斜率}$$

六、思考题

（1）实验中加入硫酸铜及氢氧化钠的作用是什么？

（2）能否用其他试剂（如三氯醋酸）作蛋白质的沉淀剂？为什么？

实验九 Folin-酚法测定蛋白质含量

一、实验目的

(1) 掌握 Folin（福林）-酚法测定蛋白质含量的原理和方法。

(2) 掌握分光光度计的使用方法。

二、实验原理

用 Folin-酚法测定蛋白质含量，此方法基于双缩脲法。其反应过程分为两步：第一步是在碱性溶液中，蛋白质分子中的肽键与碱性铜试剂中的 Cu^{2+} 作用生成蛋白质-Cu^{2+} 复合物，此复合物呈现紫色；第二步是此复合物将磷钼酸-磷钨酸试剂（Folin 试剂）还原，产生深蓝色物质（磷钼蓝和磷钨蓝混合物），其颜色深浅与蛋白质含量成正比。此法操作简便，灵敏度比双缩脲法高 100 倍，定量范围为 5～100 μg 蛋白质。缺点是花费时间较长，要精确控制操作时间，干扰物质较多。对双缩脲反应产生干扰的离子，同样容易干扰该反应。酚类、柠檬酸、硫酸铵、Tris（三羟甲基氨基甲烷）缓冲液、甘氨酸、糖类、甘油和巯基化合物等，均有干扰作用。此外，不同蛋白质因酪氨酸、色氨酸含量不同而使显色强度稍有不同。

三、实验材料、仪器与试剂

（一）实验材料

绿豆芽下胚轴等。

（二）实验仪器

分光光度计，离心机，分析天平，容量瓶（50 mL），量筒，吸量管（0.5 mL、1 mL、5 mL）等。

（三）实验试剂

1. 0.5 mol·L^{-1} NaOH 溶液

称取 NaOH 1.000 g，加水溶解后用蒸馏水定容至 50 mL，配成 0.5 mol·L^{-1} NaOH 溶液。

2. 试剂甲

A 液：称取 10 g Na_2CO_3，2 g NaOH 和 0.25 g 酒石酸钾钠，溶解后用蒸馏水定容至 500 mL。

B 液：称取 0.5 g $CuSO_4·5H_2O$，溶解后用蒸馏水定容至 100 mL。

每次使用前取 A 液 50 份与 B 液 1 份，即试剂甲，其有效期为 1 天，过期失效。

3. 试剂乙

在 1.5 L 容积的磨口回流器中加入 100 g 钨酸钠（$Na_2WO_4·2H_2O$）和 700 mL 蒸馏水，再加 50 mL 85%磷酸和 100 mL 浓盐酸充分混匀，接上回流冷凝管，以小火回流 10 h。回流结束后，加入 150 g 硫酸锂和 50 mL 蒸馏水及数滴液体溴，开口继续沸腾 15 min，去除过量的溴，冷却后溶液呈黄色（倘若仍呈绿色，再滴加数滴液体溴，继续沸腾 15 min）。然后稀释至 1 L，过滤，将滤液置于棕色试剂瓶中保存，使用前用蒸馏水稀释至终浓度相当于 1 mol·L^{-1}。

四、实验步骤

（一）标准曲线的制作

（1）标准牛血清白蛋白溶液的配制：在分析天平上精确称取 0.0250 g 结晶牛血清白蛋白，倒入小烧杯内，用少量蒸馏水溶解后转入 100 mL 容量瓶中，烧杯内的残液用少量蒸馏水冲洗数次，将冲洗液一并倒入容量瓶中，用蒸馏水定容至 100 mL，则配成 250 μg·mL^{-1} 的标准牛血清白蛋白溶液。

（2）系列标准牛血清白蛋白溶液的配制：取 6 支普通试管，按表 2-7 加入标准浓度的牛血清白蛋白溶液和蒸馏水，配成一系列不同浓度的牛血清白蛋白溶液。然后各加试剂甲 5 mL，混合后在室温下放置 10 min，再各加 0.5 mL 试剂乙，立即混合均匀（这一步速度要快，否则会使显色程度减弱）。30 min 后，以不含蛋白质的 1 号试管为对照，用分光光度计于 750 nm 波长下，测定各试管中溶液的吸光度值并记录结果。

表 2-7　牛血清白蛋白标准曲线制作

试剂名称	试管号					
	1	2	3	4	5	6
250 μg·mL^{-1}牛血清白蛋白溶液/mL	0	0.2	0.4	0.6	0.8	1.0
蒸馏水/mL	1.0	0.8	0.6	0.4	0.2	0
蛋白质含量/mL	0	50	100	150	200	250

标准曲线的绘制：以牛血清白蛋白含量（μg）为横坐标，以吸光度为纵坐标绘制标准曲线。

（二）样品的提取及测定

（1）准确称取绿豆芽下胚轴 1 g，放入研钵中，加蒸馏水 2 mL，研磨匀浆。将匀浆转入离心管中，并用 6 mL 蒸馏水分次将研钵中的残渣洗入离心管，离心 20 min（4,000 r·min^{-1}）。将上清液转入 50 mL 容量瓶中，用蒸馏水定容到刻度，作为待测液备用。

（2）取普通试管 2 支，各加入待测液 1 mL，分别加入试剂甲 5 mL，混匀后放置 10 min，再各加试剂乙 0.5 mL，迅速混匀，室温放置 30 min，于 750 nm 波长下测定吸光度，并记录结果。

五、结果与计算

计算出两重复样品吸光度的平均值，从标准曲线上查出相对应的蛋白质含量 X（μg），再按下列公式计算样品中蛋白质含量。

$$样品中蛋白质含量（\%）=\frac{X（\mu g）\times 稀释倍数}{样品重（g）\times 10^{6}}\times 100$$

六、注意事项

（1）进行测定时，加 Folin 试剂要特别小心，因为 Folin 试剂仅在酸性条件下稳定，但此实验的反应却是在 pH 为 10 的情况下发生的。所以，当加试剂乙（Folin 试剂）时，必须立即混匀，以便在磷钼酸-磷钨酸试剂被破坏之前，即能发生还原反应，否则会使显色程度减弱。

（2）本法也可用于游离酪氨酸和色氨酸含量的测定。

七、思考题

（1）含有什么氨基酸的蛋白质能与 Folin -酚试剂呈蓝色反应？

（2）简述 Folin -酚法的优缺点。

实验十 考马斯亮蓝法测蛋白质浓度

一、实验目的

学习用考马斯亮蓝法测定蛋白质浓度的原理和方法。

二、实验原理

考马斯亮蓝 G-250 有两种不同的颜色：红色和蓝色。它和蛋白质通过范德瓦耳斯力结合，颜色由红色转变成蓝色，在一定蛋白质浓度范围内，二者结合符合比尔定律。我们通过测定 595 nm 处吸光度值，可知与其结合的蛋白质的量。

蛋白质和染料结合是一个很快的过程，约 2 min 即可反应完全，呈现最大光吸收，并可稳定 1 h，超过 1 h 则蛋白质染料复合物发生聚合沉淀。蛋白质染料复合物具有很高的消光系数，这使得测定蛋白质浓度时的灵敏度很高。

该方法重复性好，精确度高，线性关系好。标准曲线在蛋白质浓度较大时稍有弯曲，这是由于染料本身的两种颜色形式光谱有重叠，试剂背景值随更多染料与蛋白质结合而不断降低，但直线弯曲程度很轻，不影响测定。另外，此法干扰物少，干扰 Folin-酚法的 K^+、Na^+、Mg^{2+}、Tris 缓冲液、糖、甘油、巯基乙醇、EDTA（乙二胺四乙酸）等，均不干扰此测定法。强碱在测定中有一些颜色干扰，这可以用适当的缓冲液对照去除其影响。

三、实验材料、仪器与试剂

（一）实验仪器

试管及试管架，吸量管，分光光度计，石英比色皿等。

（二）实验试剂

（1）考马斯亮蓝试剂：将考马斯亮蓝 G-250 100 mg 溶于 50 mL 95% 乙醇中，加入 100 mL 85% 磷酸，用蒸馏水稀释至 1000 mL，用滤纸过滤。

（2）标准蛋白质溶液：取牛血清白蛋白（BSA）25 mg，溶解于蒸馏水中并定容至 25 mL，浓度为 $1.00\ mg \cdot mL^{-1}$。

（3）未知蛋白质溶液。

四、实验步骤

（一）绘制标准曲线

按表 2-8 进行操作。

表 2-8 蛋白质标准曲线

试剂名称	试管号					
	0	1	2	3	4	5
1 mg·mL⁻¹标准蛋白质溶液/mL	0	0.2	0.4	0.6	0.8	1.00
蒸馏水 mL	1.00	0.8	0.6	0.4	0.2	0
考马斯亮蓝 G-250/mL	5	5	5	5	5	5
蛋白质含量/μg	0	200	400	600	800	1000

加好试剂后，混匀，在 1 h 内以 0 号试管为空白对照，在 595 nm 处比色。以蛋白质含量为横坐标，A_{595} 为纵坐标，绘制标准曲线。

（二）测定未知样品蛋白质浓度

测定方法同上，取 1.00 mL 未知蛋白质溶液，加入 5 mL 考马斯亮蓝 G-250 试剂，混匀，以 0 号试管为空白对照，在 595 nm 处进行比色测定。

五、结果与计算

在标准曲线上查出未知蛋白质相当于标准蛋白质的量，从而计算出未知样品的蛋白质浓度（mg·mL⁻¹）。

$$X = \frac{(c-c_0) \times V}{m \times 1000} \times 100$$

式中，X 为试样中蛋白质的含量，单位为克每百克（g/100g）；c 为从蛋白质标准曲线上得到的蛋白质浓度，单位为毫克每毫升（mg/mL）；c_0 为空白试验中蛋白质浓度，单位为毫克每毫升（mg/mL）；m 为测试所用试样质量，单位为克（g）。计算结果保留到小数点后两位。

六、注意事项

（1）如果测定要求很严格，可以在试剂加入后 5 至 20 min 内测定吸光度值，因为在这个时间段内颜色最稳定。

（2）测定中，会有少部分蛋白质染料复合物吸附在石英比色皿壁上，测定完后可用乙醇将蓝色的比色皿洗干净。

七、思考题

（1）除了本实验所用方法外，测定未知样品的蛋白质含量还有哪些方法？

（2）如果未知样品的吸光度值超过标准曲线，应该怎么办？

实验十一 醋酸纤维素薄膜电泳分离血清蛋白

一、实验目的

（1）学习蛋白质电泳的一般原理及方法。
（2）掌握用醋酸纤维素薄膜电泳分离血清蛋白的操作技术。

二、实验原理

带电颗粒在电场的作用下，向着与其电性相反的电极移动的现象称为电泳。带电颗粒之所以能在电场中向一定的方向移动，并具有一定的迁移速度，是因为其受到本身性质的影响，以及电场强度、溶液的 pH 值、离子强度等因素的影响。

蛋白质具有两性性质，在非等电点时能解离而使蛋白质带电。当溶液的 pH>pI 时，蛋白质带负电荷，在电场中向正极移动；当溶液的 pH<pI 时，蛋白质带正电荷，电泳时向负极移动。其电泳速度，取决于所带电荷数量、颗粒大小和粒子形状。

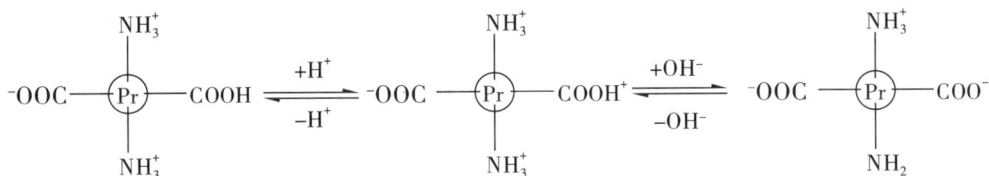

$$^-OOC-\underset{NH_3^+}{\overset{NH_3^+}{(Pr)}}-COOH \underset{-H^+}{\overset{+H^+}{\rightleftharpoons}} {}^-OOC-\underset{NH_3^+}{\overset{NH_3^+}{(Pr)}}-COOH \underset{-OH^-}{\overset{+OH^-}{\rightleftharpoons}} {}^-OOC-\underset{NH_2}{\overset{NH_3^+}{(Pr)}}-COO^-$$

醋酸纤维素薄膜电泳是以醋酸纤维素薄膜为支持物的一种区带电泳。这种薄膜厚度为 120 μm，具有均一的泡沫状结构，渗透性强，对样品无吸附作用。这种薄膜用作支持物进行电泳，电泳效果比纸电泳好，具有样品用量少、分离速度快、电泳图谱清晰、灵敏度高等优点。其目前已被广泛应用于血清蛋白、血红蛋白、脂蛋白、同工酶的分离和测定等。

血清中含有清蛋白、α_1 球蛋白、α_2 球蛋白、β-球蛋白、γ-球蛋白等。由于血清蛋白各种组分氨基酸组成、分子量、等电点及形状各异，在电场中移动速度不同，因此可以被分离。例如，正常人血清在 pH 为 8.6 的缓冲体系中电泳 1 h 左右，染色后可显示 5 条区带。清蛋白泳动最快，其余依次为 α_1，α_2，β-球蛋白及 γ-球蛋白（图 2-3）。

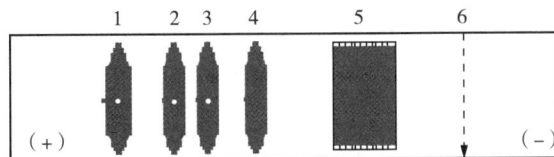

图 2-3 正常人血清醋酸纤维素薄膜电泳示意图

注：1 为清蛋白，2、3、4、5 分别为 α_1、α_2、β-球蛋白及 γ-球蛋白，6 为点样线。

三、实验材料、仪器与试剂

（一）实验材料

人或动物血清等。

（二）实验仪器

醋酸纤维素薄膜［（1～2）cm×8 cm］，培养皿（直径为 9 cm、15 cm），镊子，载玻片，直尺和铅笔，电泳仪及电泳槽，玻璃板（12 cm×12 cm），吹风机，普通滤纸等。

（三）实验试剂

（1）磷酸盐电泳缓冲液（pH 为 8.67）：1/30M $Na_2HPO_4 \cdot 12H_2O$（Mr：358.14）11.8186 g［或 1/30M $Na_2HPO_4 \cdot 2H_2O$（Mr：178.05）5.8756 g］与 1/30M KH_2PO_4 0.0453 g，定容到 1 L。

或 $Na_2HPO_4 \cdot 12H_2O$（Mr：358.14）177.279 g 与 KH_2PO_4（Mr：136.09）0.6804 g，定容到 3 L，用时稀释 5 倍。

（2）染色液：0.25％考马斯亮蓝-R250。

称取考马斯亮蓝-R250 2.5 g，量取甲醇 450 mL、冰乙酸 100 mL、水 450 mL，混匀溶解后置具塞试剂瓶内贮存。

（3）漂洗液：取 95％乙醇 45 mL、冰乙酸 5 mL 和蒸馏水 50 mL，混匀，置具塞试剂瓶内贮存。

（4）透明液，临用前制备。

甲液：取冰乙酸 15 mL、无水乙醇 85 mL，混匀，置试剂瓶内，塞紧瓶塞，备用。

乙液：取冰乙酸 25 mL、无水乙醇 75 mL，混匀，置试剂瓶内，塞紧瓶塞，备用。

（5）保存液：液体石蜡。

（6）定量洗脱液（0.4 mol·L^{-1} NaOH 溶液）：称取 16 g 氢氧化钠，用少量蒸馏水溶解后定容至 1000 mL。

四、实验步骤

（一）薄膜与仪器的准备

1. 电泳槽的准备

根据电泳槽膜支架的宽度，裁剪尺寸合适的滤纸条。在两个电极槽中，各倒入等体积的电极缓冲液，在电泳槽的两个膜支架上，各放两层滤纸条，使滤纸一端的长边与支架前沿对齐，另一端浸入电极缓冲液内。当滤纸条全部润湿后，用玻璃棒轻轻挤压膜支架上的滤纸以驱赶气泡，使滤纸的一端能紧贴在膜支架上。滤纸条是两个电极槽联系醋酸纤维素薄膜的桥梁，因而被称为滤纸桥。

2. 醋酸纤维素薄膜的润湿

用镊子取一片醋酸纤维素薄膜（后简称"薄膜"），小心地平放在盛有缓冲液的平皿中，使其完全浸泡于缓冲液中30 min后可使用。

（二）点样

用镊子取出浸透的薄膜，使其夹于两层滤纸间，轻轻按压，吸去多余的缓冲液。无光泽面向上平放于滤纸上，用镊子压着薄膜，在距薄膜短边约 1.5 cm 处，将沾有血清样品的载玻片截面垂直地与醋酸纤维素薄膜轻轻接触，样品即呈一条线"印"在薄膜上（图 2-4），使血清完全渗透至薄膜内，形成细窄而均匀的直线。此步是实验的关键，点样前应在滤纸上反复练习，掌握点样技术后，再正式点样。

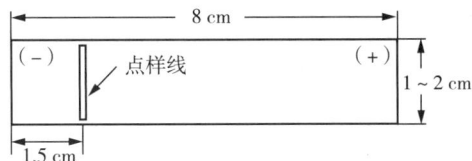

图2-4 醋酸纤维素薄膜规格及点样位置

（三）电泳

用镊子将点样端的薄膜平贴于负极电泳槽支架的滤纸桥上（点样面朝下），另一端平贴于正极端支架上（图2-5）。要求薄膜紧贴滤纸桥并绷直，中间不能下垂。若电泳槽中同时安放几张薄膜，则薄膜之间应相隔几毫米距离。盖上电泳槽盖，使薄膜平衡10 min。

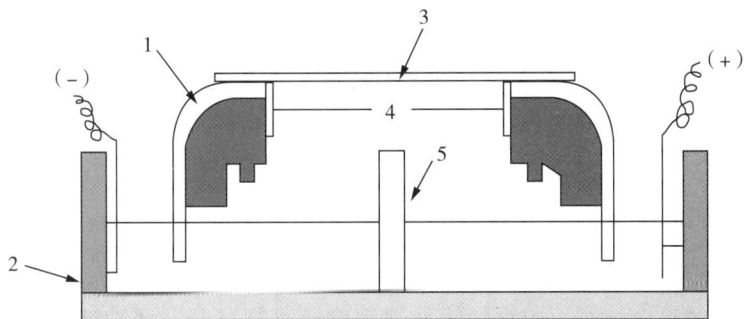

1—滤纸桥；2—电泳槽；3—醋酸纤维素薄膜；4—电泳槽膜支架；5—电极室中央隔板。

图2-5 电泳装置剖视示意图

用导线分别连接电泳槽的正、负极。打开电源开关，在室温下恒压电泳。

第一阶段：40 V，电泳10 min。

第二阶段：80 V，电泳10 min。

第三阶段：110 V，电泳50 min。

电泳结束后，关闭电泳仪，切断电源。

（四）染色

用镊子取出电泳后的薄膜，放于含0.25%考马斯亮蓝-R250染色液的培养皿中，浸染6~8 min。

（五）漂洗

染色结束后，用镊子取出薄膜，先用自来水冲洗一下，再用漂洗液漂洗、脱色。每隔5 min换漂洗液一次，连续2~3次，直至背景蓝色脱尽。取出薄膜，放在滤纸上，用吹风机的冷风将薄膜吹干。

（六）透明

将脱色吹干后的薄膜浸入透明液甲液中2 min，然后立即放入透明液乙液中浸泡1 min，取出后立即紧贴于干净玻璃板上，两者间不能有气泡。2～3 min后薄膜完全透明。若透明太慢，可用滴管取透明液乙液少许在薄膜表面淋洗一次，垂直放置待其自然干燥，或用吹风机冷风吹干且无酸味。再将玻璃板放在流动的自来水下冲洗，当薄膜完全润湿后用单面刀片撬开薄膜的一角，用手轻轻地将透明的薄膜取下，用滤纸吸干所有的水分，最后将薄膜置液体石蜡中浸泡3 min，再用滤纸吸干液体石蜡，压平。此薄膜透明，区带着色清晰，可用于扫描仪扫描，长期保存不褪色。

五、注意事项

（一）醋酸纤维素薄膜的预处理

市售醋酸纤维素薄膜均为干膜片。薄膜的浸润与选膜，是电泳成败的关键之一。将干膜片漂浮于电极缓冲液表面，其目的是选择厚薄均匀的膜片。如漂浮15～30 s，膜片吸水不均匀，有白色斑点或条纹。这提示膜片厚薄不均匀，应弃去不用，以免造成电泳后区带扭曲，界限不清，背景脱色困难，结果难以重复。醋酸纤维素薄膜亲水性比纸小，浸泡30 min以上是为了保证膜片上有一定量的缓冲液，并使其恢复到原来多孔的网状结构。最好是让漂浮于缓冲液上的薄膜，吸满缓冲液后自然下沉，这样可将膜片上聚集的小气泡赶走。点样时，应将膜片表面多余的缓冲液用滤纸吸去，以免缓冲液太多引起样品扩散。但也不能吸得太干，太干则样品不易进入薄膜的网孔内，而造成电泳起始点参差不齐，影响分离效果。吸干的程度以不干不湿为宜。为防止指纹污染，取膜时，应戴指套或用夹子。

（二）缓冲液的选择

醋酸纤维素薄膜电泳，常选用pH=8.67的磷酸盐缓冲液，其浓度为0.05～0.09 mol·L^{-1}。当电泳达不到或超过这个值时，应增加缓冲液浓度或进行稀释。缓冲液浓度过低，则区带电泳动速度快，并由于扩散变宽；缓冲液浓度过高，则区带电泳动速度慢，区带分布过于集中，不易分辨。

（三）加样量

加样量的多少与电泳条件、样品的性质、染色方法与检测手段灵敏度密切相关。检测方法越灵敏，加样量越少，对分离越有利。若加样量过大，则电泳后区带分离不清楚，甚至互相干扰，染色也较费时。但糖蛋白和脂蛋白电泳时，加样量应该多些。对于每种样品加样量，应先做预实验加以选择。点样好坏是获得理想图谱的重要环节之一。用印章法加样时，动作应轻、稳，用力不能过大，以免将薄膜弄破或印出凹陷而影响电泳区带分离效果。

（四）染色液的选择

染色液应根据样品的特点加以选择。其原则是染料对被分离样品有较强的着色力，背景易脱色；应尽量采用水溶性染料，不宜选择醇溶性染料，以免引起醋酸纤维素薄膜溶解。另外，我们应控制染色时间。染色时间长，薄膜底色深不易脱去；染色时间太短，着色浅不易区分，或造成条带染色不均匀，必要时可进行复染。

（五）透明及保存

透明液应临用前配制，以免冰乙酸及乙醇挥发而影响透明效果，这些试剂最好为分析纯。

透明前，薄膜应完全干燥。透明时间应掌握好，若在透明液中浸泡时间太长则薄膜易溶解，时间太短则透明度不佳。透明后的薄膜完全干燥后，才能浸入液体石蜡中，使薄膜软化。若有水，则液体石蜡不易浸入，薄膜不易展平。

六、思考题

（1）简述醋酸纤维素薄膜电泳原理。

（2）如何估计血清蛋白各组分在 pH＝8.67 的磷酸盐缓冲液中移动的相对位置？

实验十二 紫外吸收法测定蛋白质含量

一、实验目的

（1）了解紫外吸收法测定蛋白质含量的原理。

（2）掌握紫外-可见分光光度计的使用方法。

二、实验原理

蛋白质分子中的3种芳香氨基酸（酪氨酸、色氨酸、苯丙氨酸）具有苯环共轭双键，在近紫外区具有光吸收性，吸收峰在280 nm处附近。蛋白质溶液的光吸收值与其含量成正比，紫外吸收法可用作定量测定。

利用紫外吸收法测定蛋白含量的优点是迅速、简便、不消耗样品，低浓度盐类不干扰测定。因此，紫外吸收法在蛋白质和酶的生化制备中被广泛应用。此法的缺点：（1）对于那些与标准蛋白质中酪氨酸和色氨酸含量差异较大的蛋白质的测定，有一定的误差；（2）若样品中含有嘌呤、嘧啶等吸收紫外线的物质，会出现较大的干扰。

三、实验材料、仪器与试剂

（一）实验仪器

紫外-可见分光光度计，试管和试管架，吸量管等。

（二）实验试剂

1. 标准蛋白质溶液

准确称取经微量凯氏定氮法校正的标准蛋白质，配制成浓度为 $1\ mg \cdot mL^{-1}$ 的溶液。

2. 待测蛋白质溶液

配制成浓度约为 $1\ mg \cdot mL^{-1}$ 的溶液。

四、实验步骤

（一）标准曲线法

（1）标准曲线的绘制：按表2-9分别向每支试管中加入各种试剂，摇匀。选用光程为1 cm的石英比色杯，在280 nm处以0号管为调零管，分别测定各管溶液的吸光度值（A_{280}）。以 A_{280} 为纵坐标，蛋白质浓度为横坐标，按表2-9绘制标准曲线。

表2-9 标准曲线测定

试剂名称	试管号					
	0	1	2	3	4	5
标准蛋白质溶液/mL	0	0.5	1.0	1.5	2.0	2.5
蒸馏水/mL	4.0	3.5	3.0	2.5	2.0	1.5
蛋白质浓度/（$mg \cdot mL^{-1}$）	0	0.125	0.25	0.375	0.500	0.625

（2）样品测定：取待测蛋白质溶液 1 mL，加入蒸馏水 3 mL，摇匀，以 0 号管为调零管，测定 280 nm 处吸光度值。

（3）结果测定：在标准曲线上，读出未知蛋白质的浓度（mg·mL^{-1}）。

（二）其他方法

（1）将待测蛋白质溶液适当稀释，在波长 260 nm 和 280 nm 处，分别测定吸光度值，然后利用 280 nm 和 260 nm 下的吸收差，求出蛋白质的浓度。

计算公式：

$$蛋白质浓度（mg·mL^{-1}）＝1.45A_{280}-0.74A_{260}$$

式中，A_{280} 和 A_{260} 分别是在 280 nm 和 260 nm 处测得的蛋白质的吸光度值。

此外，也可先计算出 A_{280} 和 A_{260} 的比值后，从表 2-10 中查出校正因子"F"值，同时可查出样品中混杂的核酸的百分含量。校正因子见表 2-10 所列。

将"F"值代入，再由下述经验公式直接计算出该溶液的蛋白质浓度。

$$蛋白质浓度（mg·mL^{-1}）＝\frac{F×A_{280}×N}{d}$$

式中，A_{280} 为该溶液在 280 nm 下测得的吸光度值；d 为石英比色杯的厚度（cm）；N 为溶液的稀释倍数。

表 2-10 校正因子

A_{280}/A_{260}	核酸/%	校正因子（F）	A_{280}/A_{260}	核酸/%	校正因子（F）
1.75	0.00	1.116	0.846	5.50	0.656
1.63	0.25	1.081	0.822	6.00	0.632
1.52	0.50	1.054	0.804	6.50	0.607
1.40	0.75	1.023	0.784	7.00	0.585
1.36	1.00	0.994	0.767	7.50	0.565
1.30	1.25	0.970	0.753	8.00	0.545
1.25	1.50	0.944	0.730	9.00	0.508
1.16	2.00	0.899	0.705	10.00	0.478
1.09	2.50	0.852	0.671	12.00	0.422
1.03	3.00	0.814	0.644	14.00	0.377
0.979	3.50	0.776	0.615	17.00	0.322
0.939	4.00	0.743	0.595	20.00	0.278
0.874	5.00	0.682			

注：一般纯蛋白质的光吸收比值（A_{280}/A_{260}）约为 1.8，而纯核酸的比值约为 0.5。

（2）对于稀蛋白质溶液，我们还可用 215 nm 和 225 nm 处的吸收差来测定浓度。根据吸光度值差 ΔA 与蛋白质含量的标准曲线即可求出蛋白质浓度。

$$吸收差 \ \Delta A = A_{215} - A_{225}$$

式中，A_{215} 和 A_{225} 分别是蛋白质溶液在 215 nm 和 225 nm 波长下测得的光吸收值。

此法在蛋白质含量为 20～100 $\mu g \cdot mL^{-1}$ 时，服从 Beer（比尔）定律。氯化钠、硫酸铵以及 1×10^{-1} $mol \cdot L^{-1}$ 磷酸、硼酸和三羟甲基氨基甲烷等缓冲液，在 215 nm 处都无显著干扰作用。但是 1×10^{-1} $mol \cdot L^{-1}$ 乙酸溶液、琥珀酸、邻苯二甲酸以及巴比妥等缓冲液，在 215 nm 波长处的吸收较大，不能应用，必须降至 5×10^{-3} $mol \cdot L^{-1}$ 才无显著影响。由于蛋白质的紫外吸收高峰常因 pH 的改变而有高低，故应用紫外吸收法时，要注意溶液的 pH，其最好与标准曲线制定时的 pH 一致。

（3）若已知某蛋白质在 280 nm 波长处的吸光度值，则取该蛋白质溶液于 280 nm 处测定吸光度值后，便可直接求出蛋白质的浓度。

五、思考题

（1）本法与其他测定蛋白质含量的方法相比，有哪些优缺点？

（2）若样品中含有干扰测定的杂质，应如何校正实验结果？若样品中含有核酸类杂质，应如何校正？

实验十三　马铃薯块茎多酚氧化酶（PPO）活性测定及酶学性质

一、实验目的

（1）掌握分光光度法测定多酚氧化酶活性的一般原理及操作技术方法。

（2）了解酶的活性与植物组织褐变以及生理活动之间的关系。

二、实验原理

马铃薯不耐储藏，在加工过程中去皮后非常容易发生酶促褐变，使外观品质和营养价值大为降低，这制约着马铃薯的开发利用。酶促褐变是马铃薯加工产业必须解决的难题。其中多酚氧化酶是导致马铃薯等果蔬发生酶促褐变的重要酶类。多酚氧化酶活性大小直接影响酶促褐变程度。

多酚氧化酶（polyphenol oxidase，PPO）又称酪氨酸酶、儿茶酚酶、酚酶等，是自然界中分布极广的一种含铜氧化酶，普遍存在于植物、真菌、昆虫体内。植物受到机械损伤和病菌侵染后，PPO 催化酚与 O_2 氧化形成醌，使组织形成褐变，以便损伤恢复，防止或减少植物病菌感染，提高抗病能力。研究多酚氧化酶的特性对食品的加工与保藏工艺来说有非常重要的意义。因此，检测食品中多酚氧化酶具有重要意义。

多酚氧化酶在一定的温度、pH 条件下，有氧存在时，能催化邻苯二酚氧化生成有色物质邻苯二醌，单位时间内有色物质在 410 nm 处的吸光度与酶活性强弱正相关，在 410 nm 处反应体系的吸光度值产生变化，通过吸光度值的变化确定 PPO 的酶活性大小。

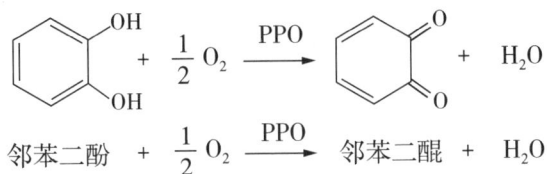

邻苯二酚 + $\frac{1}{2}O_2$ $\xrightarrow{PPO}$ 邻苯二醌 + H_2O

三、实验材料、仪器与试剂

（一）实验材料

马铃薯块茎等。

（二）实验仪器

分光光度计，离心机，恒温水浴，研钵，试管，移液管，容量瓶等。

（三）实验试剂

0.1 mmol·L^{-1}磷酸缓冲液（pH 为 7.0）：称取 8.906 g Na_2HPO_4 和 4.47 g NaH_2PO_4，用 800 mL 蒸馏水溶解，用 1.0 mol·L^{-1} 的 NaOH 溶液或 HCl 溶液调节 pH 值至 7.0，用蒸馏水定容至 1000 mL。

10 mol·L^{-1}邻苯二酚溶液：称取 0.110 g 邻苯二酚，加蒸馏水溶解定容至 100 mL。

10 mmol·L^{-1}柠檬酸：称取 0.192 g 柠檬酸，加蒸馏水溶解定容至 100 mL。

10 mmol·L^{-1}抗坏血酸溶液：称取 0.176 g 抗坏血酸，加蒸馏水溶解定容至 100 mL。

10 mmol·L^{-1}乙二胺四乙酸二钠（Na$_2$EDTA）溶液：称取 0.336 g 乙二胺四乙酸二钠，加蒸馏水溶解定容至 100 mL。

10 mmol·L^{-1}亚硫酸钠溶液：称取 0.126 g 亚硫酸钠，加蒸馏水溶解定容至 100 mL。

四、实验步骤

（一）多酚氧化酶的提取

取 0.5 g 马铃薯块茎样品，加入预冷的磷酸缓冲液（pH 为 7.0）3 mL，研磨匀浆，转移到离心管中，再用 7 mL 磷酸缓冲液冲洗研钵，合并提取液，在 4 ℃下离心（8,000 r·min^{-1}）5 min，取上清液（多酚氧化酶提取液，即粗酶液），并量取粗酶液体积。

（二）多酚氧化酶活性测定

采用比色法测定。将 0.5 mL 邻苯二酚加入 2 mL 磷酸缓冲液（pH 为 7.0）中，加入 0.5 mL 酶提取液，立即于波长 410 nm 处测定吸光度值，2 min 后再计吸光度值，以不加酶提取液的反应液作对照（注意空白为 2.5 mL 缓冲液和 0.5 mL 邻苯二酚溶液）。以每分钟吸光度变化 0.01 为 1 个多酚氧化酶活性单位。多酚氧化酶活性测定见表 2-11 所列。

表 2-11　多酚氧化酶活性测定

组别	磷酸缓冲液/mL	邻苯二酚溶液/mL	粗酶液/mL	A_{410}	2 min 后 A_{410}	ΔA_{410}	酶活力/U
空白组	2.5	0.5	0				
试验组	2	0.5	0.5				

（三）多酚氧化酶酶活性的计算公式

以每克样品每分钟内 A_{410} 增加 0.01 为 1 个酶活力单位 U。

$$酶活力（U）＝A_{410}/（0.01×g·min）＝$$

$$\frac{A_{410}×酶提取液总量（mL）}{0.01×反应时间（min）×样品鲜重（g）×测定时酶液用量（mL）}$$

（四）酶学特性

1. pH 对多酚氧化酶活性的影响

室温下在试管中加入已配好的不同 pH 值的缓冲溶液 2.0 mL，邻苯二酚溶液 0.5 mL，多酚氧化酶粗酶液 0.5 mL，混匀后迅速测定吸光度值，转换为多酚氧化酶的活性。以缓冲液 pH 值为横坐标、多酚氧化酶活性为纵坐标，作出酶活性-pH 曲线，以确定最适 pH 值。pH 对多酚氧化酶活性的影响见表 2-12 所列。

表 2 - 12　pH 对多酚氧化酶活性的影响

磷酸缓冲液	邻苯二酚溶液/mL	粗酶液/mL	A_{410}	2 min 后 A_{410}	ΔA_{410}	酶活力/U
pH＝4，2.0 mL	0.5	0.5				
pH＝5，2.0 mL	0.5	0.5				
pH＝6，2.0 mL	0.5	0.5				
pH＝7，2.0 mL	0.5	0.5				
pH＝8，2.0 mL	0.5	0.5				

2. 温度对多酚氧化酶活性的影响

在试管中加入 pH＝7.0 的磷酸盐缓冲液 2.0 mL，以邻苯二酚溶液 0.5 mL 为底物，在不同温度（常温、40 ℃、60 ℃的温度条件）下保温 5 min 后，加入多酚氧化酶粗酶液 0.5 mL，混匀后在室温下测定多酚氧化酶的活性。以温度为横坐标、多酚氧化酶活性为纵坐标，作出酶活-温度曲线，以确定最适温度。温度对多酚氧化酶活性的影响见表 2 - 13 所列。

表 2 - 13　温度对多酚氧化酶活性的影响

温度	磷酸缓冲液/mL	邻苯二酚溶液/mL	粗酶液/mL	A_{410}	2 min 后 A_{410}	ΔA_{410}	酶活力/U
室温	2.0	0.5	0.5				
40 ℃	2.0	0.5	0.5				
60 ℃	2.0	0.5	0.5				

3. 抑制剂对多酚氧化酶活性的影响

将抑制剂抗坏血酸、柠檬酸、亚硫酸钠、Na₂EDTA 分别用 pH＝7.0 的磷酸盐缓冲液配制成 10 mmol·L⁻¹ 的溶液，在室温下分别取上述抑制剂 2.0 mL，以邻苯二酚溶液 0.5 mL 为底物，加入多酚氧化酶粗酶液 0.5 mL，混匀后在室温下测定多酚氧化酶的活性。以抑制类型为横坐标、多酚氧化酶活性为纵坐标，绘制抑制剂对酶活性影响的图形，分析抑制剂对酶活性的影响。抑制剂对多酚氧化酶活性的影响见表 2 - 14 所列。

表 2 - 14　抑制剂对多酚氧化酶活性的影响

抑制剂	磷酸缓冲液/mL	邻苯二酚溶液/mL	粗酶液/mL	A_{410}	2 min 后 A_{410}	ΔA_{410}	酶活力/U
抗坏血酸	2.0	0.5	0.5				
柠檬酸	2.0	0.5	0.5				
亚硫酸钠	2.0	0.5	0.5				
Na₂EDTA	2.0	0.5	0.5				

五、注意事项

（1）反应混合液必须现配现用，否则会因邻苯二酚自动氧化而失效。

（2）在试验中加入一种酚结合剂——聚乙烯吡咯烷酮（PVP），它能与酚类化合物强烈地发生缔合作用，从而消去酶反应体系中的底物，使 PPO 活性的测定更接近其真值。

（3）使用分光光度计时要求动作快速、熟练。

（4）加样时，先加缓冲溶液，再加底物邻苯二酚溶液，摇匀，在测量之前最后加酶提取液。

六、思考题

（1）本实验中使用的磷酸缓冲液起到什么作用？

（2）试分析不同温度、pH 对马铃薯多酚氧化酶的影响？

（3）谈谈你对多酚氧化酶性质的认识。

实验十四 酶的性质及其影响因素

Ⅰ 过氧化氢酶的定性反应

一、实验目的

掌握酶的特异性原理和实验操作方法，理解各种因素对酶活性的影响和操作方法以及实验终点的判断方法。

二、实验原理

过氧化氢酶是一种以铁卟啉为辅基的酶，可除去体内因需脱氧而产生的过氧化氢，防止机体中毒。在催化过程中，一分子过氧化氢酶先与一分子过氧化氢结合，生成具有活性的中间产物，这个中间产物能氧化一些供氢物质，产生相应的氧化产物及水，同时这个中间产物还能催化另一个过氧化氢分子分解生成水和氧分子。

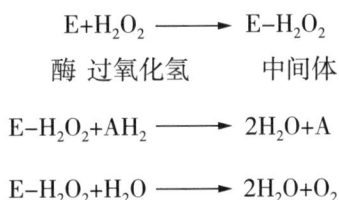

$$E+H_2O_2 \longrightarrow E-H_2O_2$$
$$\text{酶} \quad \text{过氧化氢} \qquad \text{中间体}$$

$$E-H_2O_2+AH_2 \longrightarrow 2H_2O+A$$

$$E-H_2O_2+H_2O \longrightarrow 2H_2O+O_2$$

过氧化氢酶，相比一般催化剂具有惊人的催化效率。过氧化氢酶对过氧化氢分解的催化活性比铁粉对过氧化氢分解的催化活性大 100 亿倍。

三、实验材料、仪器与试剂

（一）实验材料

马铃薯，新鲜猪（兔）肝糜，还原铁粉等。

（二）实验试剂

新配制的 2% 过氧化氢溶液等。

四、实验步骤

（1）取 2 支试管，各加 3 mL 新配制的 2% 过氧化氢溶液。向第 1 支试管中加入磨碎的新鲜猪肝糜少许，向第 2 支试管中加入等量煮过的猪肝糜。观察 2 支试管中有无气泡产生。

（2）也可用马铃薯代替猪肝糜进行上述试验，可用马铃薯浆，也可用马铃薯小块。

（3）取 1 支试管，加入 3 mL 新配制的 2% 过氧化氢和铁粉少许，观察有无气泡产生（注意观察产生的速度）并与前述猪肝糜和马铃薯实验进行比较。

过氧化氢酶实验见表 2－15 所列。

表 2-15 过氧化氢酶实验

试管号	过氧化氢溶液/mL	猪肝糜	实验结果
1	3	新鲜猪肝糜 1 mL	
2	3	煮过的猪肝糜 1 mL	
3	3	铁粉少许	

Ⅱ 淀粉酶的特异性实验

一、实验目的

掌握酶的特异性原理和实验操作方法，理解各种因素对酶活性的影响及实验终点的判断方法。

二、实验原理

酶具有特异性，各种酶均有其最适温度与最适 pH，并能被某些激活剂与抑制剂激活或抑制，这些因素的影响主要表现在酶活性的改变上。而酶的活性通常是通过测定酶作用的基质在酶作用前后数量的变化来进行研究的。

本实验即通过唾液淀粉酶作用的基质——淀粉被唾液淀粉酶分解成各种糊精、麦芽糖等水解产物的变化，来观察各种因素对酶活性的影响。

与碘反应：淀粉 ——→ 蓝色糊精 ——→ 红色糊精 ——→ 无色糊精 ——→ 麦芽糖
蓝色　　　　蓝紫色　　　　红色　　　　无色（碘色）　　无色（碘色）

关于淀粉在酶作用下的水解情况，我们可借助淀粉遇碘呈蓝色，淀粉水解产生的各种糊精遇碘分别呈蓝紫色、红色，麦芽糖遇碘不呈色等特定的颜色反应来观察。麦芽糖因具有还原性，可使班氏试剂呈砖红色反应（因为有 Cu_2O 沉淀），蔗糖则无此反应。

三、实验仪器与试剂

（一）实验仪器

电热恒温水浴锅，电炉，12 目瓷滴板（比色盘），吸量管 1 mL、2 mL、5 mL，洗耳球，滴管，50 mL 小烧杯，500 mL 烧杯或 500 mL 塑料杯，木夹，试管架等。

（二）实验试剂

（1）1% $CuSO_4$ 溶液：称 $CuSO_4$ 1 g，溶于 100 mL 蒸馏水中。

（2）0.5% 淀粉：称取可溶性淀粉 0.5 g，加少量蒸馏水拌成糊状，然后用煮沸的 1% NaCl 溶液溶解淀粉，然后稀释至 100 mL。

（3）碘化钾-碘溶液：称取碘化钾 2 g 及碘 1.27 g，溶于 200 mL 蒸馏水中，使用时应稀释 5 倍。

（4）0.5% NaCl 溶液：称取 NaCl 0.5 g，溶于 100 mL 蒸馏水中。

（5）缓冲液如下。

A 液：0.2 mol·L^{-1} Na_2HPO_4 溶液——称 Na_2HPO_4·$2H_2O$ 35.62 g，溶于 1000 mL 蒸

馏水中。

B 液：0.1 mol·L⁻¹柠檬酸——称无水柠檬酸 21.01 g，溶于 1000 mL 蒸馏水中。

pH 为 5 的溶液＝A 液 10.30 mL＋B 液 5.45 mL。

pH 为 6.6 的溶液＝A 液 14.55 mL＋B 液 5.45 mL。

pH 为 7.6 的溶液＝A 液 18.73 mL＋B 液 1.27 mL。

（6）本尼迪克特（Benedict）试剂：溶解无水 CuSO₄ 17.4 g 于 100 mL 热蒸馏水中，冷却，稀释至 150 mL；取柠檬酸钠 173 g 及无水 Na₂CO₃ 100 g，加水 600 mL，加热溶解，冷却后稀释至 850 mL；最后把 CuSO₄ 溶液倒入，混匀后使用。此液可长期保存。

（7）0.5％蔗糖溶液：称取 0.5 g 蔗糖，溶于 100 mL 蒸馏水中。

四、实验步骤

（一）唾液淀粉酶的制备

用自来水漱口 3 次，然后取 20 mL 蒸馏水含于口中，半分钟后吐入 50 mL 小烧杯中（酶液）备用。

（二）酶的特异性

取试管 2 支，编号，按表 2-16 加入试剂。

表 2-16　酶的特异性实验

试管号	0.5％淀粉溶液/mL	0.5％蔗糖溶液/mL	唾液（酶液）/mL	实验结果
1	2	0	1	
2	0	2	1	

摇匀，37 ℃水浴保温 10 min。

向两支试管中各加本尼迪克特（Benedict）试剂 2 mL，放入沸水中煮 5 min，观察现象，记录、解释。

（三）各种因素对酶活性的影响

1. 温度对酶活性的影响

取试管 3 支，编号，按表 2-17 加入试剂。

表 2-17　温度对酶活性影响的实验

试管号	0.5％淀粉溶液/mL	唾液（酶液）/mL	实验结果
1	5	1	
2	5	1	
3	5	1	

混匀，及时将 1 号试管置于冰水中，2 号试管置于 37 ℃水浴中，3 号试管置于沸水中。在比色盘的孔中各加碘液 2 滴，每隔 1 min，从 2 号试管中取出反应液 1 滴与碘混合，观察颜色变化，待反应遇碘不变色（只有碘的颜色）。

立即取出3支试管，向各试管中加入碘液2滴，摇匀。观察现象，记录、解释。

2. pH对酶活性的影响

取试管3支，编号，按表2-18加入试剂。

表2-18 pH对酶活性影响的实验

试管号	0.5%淀粉溶液/mL	pH＝6.6缓冲液/mL	pH＝5.0缓冲液/mL	pH＝7.6缓冲液/mL	唾液淀粉酶液/mL	实验结果
1	2.5	1	0	0	1	
2	2.5	0	1	0	1	
3	2.5	0	0	1	1	

混匀，将各试管置于37 ℃水浴中，在比色盘的孔中各加碘液一滴，每隔1 min，从1号试管中取出反应液1滴与碘反应，观察颜色变化，待反应液不变色（只有碘的颜色），立即向各试管中加入碘液2滴。观察现象，记录、解释。

3. 激活剂与抑制剂对酶活性的影响

取试管3支，编号，按表2-19加入试剂。

表2-19 激活剂与抑制剂对酶活性影响的实验

试管号	0.5%淀粉溶液/mL	1%CuSO₄溶液/mL	0.5%NaCl溶液/mL	蒸馏水/mL	唾液淀粉酶液/mL	实验结果
1	2.5	1	0	0	1	
2	2.5	0	1	0	1	
3	2.5	0	0	1	1	

混匀，将3支试管置于37 ℃水浴中，每隔1 min，从2号试管中取出反应液1滴与碘反应，观察颜色变化，待碘不变色（只有碘的颜色）即向各试管中加入碘液各2滴，观察现象，记录、解释。

五、思考题

（1）如何根据过氧化氢酶的作用结果理解酶的高效性？

（2）在实验中探究各种因素对酶作用的影响时，要注意哪些问题？如何判断最适温度、最适pH？

（3）在实验中如何判断酶的激活剂与抑制剂？

（4）在实验过程中如何正确掌握实验进程？如何正确判断每个实验的终点？

实验十五　淀粉酶活力的测定

一、实验目的

(1) 学习测定淀粉酶活力的方法及原理。

(2) 巩固并熟练掌握分光光度计的使用方法。

二、实验原理

根据催化特点的不同，淀粉酶分为不同的类型。其中，α-淀粉酶随机地作用于淀粉中的 α-1,4-糖苷键，生成葡萄糖、麦芽糖、麦芽三糖、糊精等还原糖，同时使淀粉的黏度降低，因此又称为液化酶；β-淀粉酶每次从淀粉的非还原端切下一分子麦芽糖，又被称为糖化酶；葡萄糖淀粉酶则每次从淀粉的非还原端切下一个葡萄糖。淀粉酶产生的这些还原糖，能使 3, 5-二硝基水杨酸还原，生成棕红色的 3-氨基-5-硝基水杨酸，后者在 520 nm 处有最大光吸收。淀粉酶活力的大小与产生的还原糖的量成正比，我们可以用麦芽糖制作标准曲线，用比色法测定淀粉生成的还原糖的量，以单位重量样品在一定时间内生成的还原糖的量表示酶活力。

3,5-二硝基水杨酸　　　　　　　　3-氨基-5-硝基水杨酸（棕色）

几乎所有植物中都有淀粉酶，特别是萌发后的禾谷类种子中淀粉酶活性最强。淀粉酶主要有 α-淀粉酶和 β-淀粉酶。α-淀粉酶不耐酸，较耐热，在 pH 为 3.6 以下迅速钝化；而 β-淀粉酶不耐热，在 70 ℃、15 min 的条件下则钝化。根据它们的这种特性，在测定时钝化其中之一，就可测出另一个的活力。本实验加热钝化 β-淀粉酶测出 α-淀粉酶的活力，再与非钝化条件下测定的总活力（α＋β）比较，求出 β-淀粉酶的活力。

三、实验材料、仪器与试剂

（一）实验材料

萌发的小麦种子（芽长约为 1 cm）等。

（二）实验仪器

分光光度计，离心机，恒温水浴锅，电磁炉，具塞刻度试管，刻度吸管，容量瓶等。

（三）实验试剂

(1) 标准麦芽糖溶液（1 mg·mL⁻¹）：精确称取 100 mg 麦芽糖，用蒸馏水溶解并定容

至 100 mL;

（2）3,5-二硝基水杨酸试剂：精确称取 1 g 3,5-二硝基水杨酸，溶于 20 mL 1 mol·L^{-1} NaOH 溶液中，加入 50 mL 蒸馏水，再加入 30 g 酒石酸钾钠，待溶解后用蒸馏水定容至 100 mL。盖紧瓶塞，勿使 CO_2 进入。若溶液浑浊可过滤后使用。

（3）0.1 mol·L^{-1}、pH=5.6 的柠檬酸缓冲液如下。

A 液（0.1 mol·L^{-1} 柠檬酸溶液）：称取 $C_6H_8O_7 \cdot H_2O$ 21.01 g，用蒸馏水溶解并定容至 1 L。

B 液（0.1 mol·L^{-1} 柠檬酸钠溶液）：称取 $Na_3C_6H_5O_7 \cdot 2H_2O$ 29.41 g，用蒸馏水溶解并定容至 1 L。

取 A 液 55 mL 与 B 液 145 mL 混匀，即得 0.1 mol·L^{-1}、pH=5.6 的柠檬酸缓冲液。

（4）1% 淀粉溶液：称取 1 g 淀粉溶于少量的 0.1 mol·L^{-1}、pH=5.6 的柠檬酸缓冲液中，并加热煮沸，待淀粉完全溶解并冷却后，用柠檬酸缓冲液定容至 100 mL。

（5）0.4 mol·L^{-1} NaOH 溶液：称取 1.6 g NaOH，溶解后，用蒸馏水定容至 100 mL。

（6）1 mol·L^{-1} NaOH 溶液：称取 4.0 g NaOH，溶解后，用蒸馏水定容至 100 mL。

四、实验步骤

（一）麦芽糖标准曲线的制作

取 7 支干净的具塞刻度试管，编号，按表 2-20 加入试剂，摇匀，置沸水浴中加热 5 min。取出后用自来水冷却，加蒸馏水定容至 20 mL，摇匀。以 1 号试管作为空白调零，在 520 nm 波长下比色测定。以麦芽糖含量（mg）为横坐标、吸光度值为纵坐标，绘制标准曲线。

表 2-20 麦芽糖标准曲线测定

试剂	试管号						
	1	2	3	4	5	6	7
麦芽糖标准液/（mg·mL^{-1}）	0	0.1	0.3	0.5	0.7	0.9	1.0
蒸馏水/mL	1.0	0.9	0.7	0.5	0.3	0.1	0
3,5-二硝基水杨酸/mL	1.0	1.0	1.0	1.0	1.0	1.0	1.0

（二）酶液制备

称取 1 g 萌发的小麦种子，置于研钵中，加少量石英砂和 2 mL pH=5.6 的柠檬酸缓冲液，研磨成匀浆。将匀浆倒入离心管中，用 6 mL pH=5.6 的柠檬酸缓冲液分次将残渣洗入离心管。提取液在室温下放置提取 15～20 min，每隔数分钟振荡 1 次，使其提取充分。然后 3,000 r·min^{-1} 离心 10 min，将上清液倒入 100 mL 容量瓶中，加 pH=5.6 的柠檬酸缓冲液定容至刻度，摇匀，即得淀粉酶原液。吸取上述淀粉酶原液 5 mL，放入 100 mL 容量瓶中，用蒸馏水定容至刻度，摇匀，即得淀粉酶稀释液。

（三）α-淀粉酶活力的测定

取 4 支干净的具塞刻度试管，两支为对照管，两支为测定管，按表 2-21 进行操作。

表 2-21 α-淀粉酶活力测定表

试剂	试管号			
	1（对照）	2（对照）	3（测定）	4（测定）
淀粉酶原液/mL	1.0	1.0	1.0	1.0
70 ℃恒温水浴加热 15 min，冰浴中冷却				
0.1 mol·L⁻¹ pH＝5.6 的柠檬酸缓冲液/mL	1.0	1.0	1.0	1.0
40 ℃恒温水浴保温 15 min				
0.4 mol·L⁻¹ NaOH 溶液/mL	4.0	4.0	0	0
40 ℃下预热的淀粉溶液/mL	2.0	2.0	2.0	2.0
摇匀，立即于 40 ℃恒温水浴中保温 5 min				
0.4 mol·L⁻¹ NaOH 溶液/mL	0	0	4.0	4.0
3,5-二硝基水杨酸/mL	1.0	1.0	1.0	1.0

摇匀后，置沸水浴中煮沸 5 min，取出后用冷水冷却，用蒸馏水稀释至 20 mL。以表 2-21 中的 1 号试管为调零管，在 520 nm 波长下测定吸光度值。

（四）α-淀粉酶和 β-淀粉酶总活力测定

取 4 支干净的具塞刻度试管，两支为对照管，两支为测定管，按表 2-22 进行操作。

表 2-22 α-淀粉酶和 β-淀粉酶总活力测定表

试剂	试管号			
	1（对照）	2（对照）	3（测定）	4（测定）
淀粉酶稀释液/mL	1.0	1.0	1.0	1.0
0.1 mol·L⁻¹、pH＝5.6 的柠檬酸缓冲液/mL	1.0	1.0	1.0	1.0
40℃ 恒温水浴保温 15 min				
0.4 mol·L⁻¹ NaOH 溶液/mL	4.0	4.0	0	0
40 ℃下预热的淀粉溶液/mL	2.0	2.0	2.0	2.0
摇匀，立即于 40℃恒温水浴中保温 5 min				
0.4 mol·L⁻¹ NaOH 溶液/mL	0	0	4.0	4.0
3,5-二硝基水杨酸/mL	1.0	1.0	1.0	1.0

摇匀后，置沸水浴中煮沸 5 min，取出后用冷水冷却，用蒸馏水稀释至 20 mL。以表 2-22 中的 1 号试管为调零管，在 520 nm 波长下测定光吸收值。

五、结果与计算

$$\alpha\text{-淀粉酶活力} = \frac{(C_1 - C_2) \times V_\text{T}}{W \times V_s \times t} \times 20 \ [\text{mg} \cdot (\text{g} \cdot \text{min})^{-1}]$$

式中，C_1 为 α-淀粉酶活力测定时从标准曲线上查得的两支测定管中麦芽糖平均含量（mg）；C_2 为 α-淀粉酶活力测定时从标准曲线上查得的两支对照管中麦芽糖平均含量（mg）；V_T 为淀粉酶原液总体积（mL）；V_s 为反应所用淀粉酶原液体积（mL）；W 为样品重量（g）；t 为反应时间（min）；20 为稀释倍数。

$$\text{α-淀粉酶和 β-淀粉酶总活力} = \frac{(C_3 - C_4) \times V_T}{W \times V_s \times t} \times 20 \left[\text{mg} \cdot (\text{g} \cdot \text{min})^{-1} \right]$$

$$\text{β-淀粉酶活力} = \text{α-淀粉酶和 β-淀粉酶总活力} - \text{β-淀粉酶总活力}$$

式中，C_3 为 α-淀粉酶和 β-淀粉酶总活力测定时从标准曲线上查得的两支测定管中麦芽糖平均含量（mg）；C_4 为 α-淀粉酶和 β-淀粉酶总活力测定时从标准曲线上查得的两支对照管中麦芽糖平均含量（mg）；V_T 为淀粉酶稀释液总体积（mL）；V_s 为反应所用淀粉酶稀释液体积（mL）；20 为稀释倍数；W 为样品重量（g）；t 为反应时间（min）。

六、注意事项

（1）小麦种子萌发前须充分浸泡 24 h，然后均匀地放在铺有滤纸的培养皿或解剖盘中，萌发过程中要注意保证水分供应充足。

（2）制备酶液时，最好在冰浴条件下操作，因为低温条件易保持酶的活力。

（3）加了淀粉溶液即启动了酶促反应，此时要精准计时；沸水浴 5 min，也要精准计时。

（4）测定吸光度前，要用蒸馏水将反应液稀释至 15 mL，并注意摇匀。

七、思考题

（1）α-淀粉酶活性测定时 70 ℃水浴为何要严格保温 15 min？保温后为什么要立即于冰浴中骤冷？经如此处理，为什么在随后的 40 ℃恒温水浴的酶促反应中就能保证 β-淀粉酶不会再参与催化反应？

（2）所有酶活力测定方法中都有所谓的"对照管"的设计，为什么？其作用是什么？在对它的设计上有何特点？

（3）小麦萌发过程中淀粉酶活力升高的原因和意义是什么？

实验十六　酵母 RNA 的提取及组分鉴定

一、实验目的

（1）学会浓盐法提取 RNA 的基本原理及具体操作方法。

（2）掌握 RNA 的化学组成及其组分鉴定的原理与操作方法。

二、实验原理

微生物是工业上大量生产核酸的原料，其中以酵母较为理想。因为酵母核酸中主要是 RNA，DNA 含量很少，而且菌体容易收集，RNA 也易于分离。

RNA 的提取过程是先使 RNA 从细胞中释放，并使其和蛋白质分离，然后将菌体除去，再根据核酸在等电点时溶解度最小的性质，将 pH 调到 2.0～2.5，使 RNA 沉淀，进行离心收集。

提取 RNA 的方法很多，在工业生产上常用的是稀碱法和浓盐法。前者利用稀碱使菌体细胞溶解，让 RNA 释放出来，这种方法抽提时间短，但 RNA 在此条件下不稳定，容易分解；后者是在加热条件下，利用高浓度的盐改变细胞膜的通透性，使 RNA 释放出来，此法易掌握，产品颜色较好。用浓盐法提取 RNA 时应注意掌握温度，避免在 20 ℃至 70 ℃之间停留时间过长，因为这是磷酸二酯酶作用的温度范围，会使 RNA 提取率因 RNA 被降解而降低。加热至 90～100 ℃使蛋白质变性，破坏该类酶，有利于 RNA 的提取。

RNA 用 H_2SO_4 水解，可生成磷酸、核糖和碱基，可用下列反应鉴定各组分。①磷酸：用强酸使 RNA 中的有机磷消化成无机磷，后者能与定磷试剂中的钼酸铵反应，生成磷钼酸铵（黄色沉淀），当有还原剂存在时，磷钼酸铵立即被还原成蓝色的产物钼蓝。②核糖：RNA 与浓酸（浓盐酸或浓硫酸）共热时，发生降解，形成的核糖继而转变成糠醛，糠醛在 Fe^{3+} 或 Cu^{2+} 催化下与地衣酚反应，生成鲜绿色复合物。③嘌呤碱：嘌呤碱与 $AgNO_3$ 反应，能产生白色的嘌呤银沉淀。

三、实验材料、仪器与试剂

（一）实验材料

酵母粉等。

（二）实验仪器

电磁炉，玻璃试管，小烧杯，胶头滴管，离心机，电子天平，pH 试纸（0.5～5.0），吸量管，离心管，水浴锅等。

（三）实验试剂

（1）5% H_2SO_4 溶液：将 51.02 mL 浓 H_2SO_4 缓慢加入蒸馏水中，然后用蒸馏水定容到 1000 mL。

（2）25 g·L^{-1} $AgNO_3$ 溶液：25 g $AgNO_3$ 用少量蒸馏水溶解，然后用蒸馏水定容至 1000 mL。

（3）2.5% 钼酸铵溶液：2.5 g 钼酸铵用少量蒸馏水溶解，然后用蒸馏水定容至 100 mL。

（4）6 mol·L^{-1} HCl 溶液：量取 50 mL 盐酸原液，加等体积的蒸馏水，混匀。

（5）1％ 维生素 C 溶液：用少量蒸馏水溶解 1 g 维生素 C，然后用蒸馏水定容至 100 mL。

（6）地衣酚试剂：先配制 0.1％三氯化铁-盐酸溶液（将 1 g FeCl$_3$·6H$_2$O 溶于1000 mL 浓盐酸中），然后将 2 g 地衣酚溶于配制好的1000 mL 0.1％三氯化铁-盐酸溶液中。

四、实验步骤

（一）酵母 RNA 的提取

（1）分别称取 1 g 干酵母和 1 g 氯化钠，加入 15 mL 旋盖塑料离心管中，再加入 8 mL 蒸馏水，盖好盖子，摇匀，立即于沸水浴中提取 50 min。

（2）将上述提取液取出，用自来水冷却，4,800 r·min^{-1}离心 5 min，使提取液与菌体残渣等分离。

（3）将离心得到的上清液转入 50 mL 小烧杯内，边搅拌边小心地用 6 mol·L^{-1} HCl 溶液调节 pH 至 2.0~2.5，静置 5 min，使沉淀充分。

（4）将上述悬浮液重新转入 15 mL 旋盖塑料离心管中，4,800 r·min^{-1}离心 5 min，弃上清液，保留 RNA 沉淀。

（二）酵母 RNA 的水解

向沉淀管中加入 5％硫酸溶液 4 mL，用玻璃棒搅匀沉淀，开盖沸水浴加热 10 min，得 RNA 水解液。

（三）酵母 RNA 的组分鉴定

（1）嘌呤碱：按表 2-23 进行操作，样品管中加入 RNA 水解液 1 mL、浓氨水 1 mL，混匀后沿管壁缓慢加入 25 g·L^{-1}的硝酸银溶液 3 滴；对照管中加入 5％硫酸溶液 1 mL、浓氨水 1 mL，混匀后沿管壁缓慢加入 25 g·L^{-1}的硝酸银溶液 3 滴。两管均勿振荡，静置 5 min，观察并记录样品管和对照管内是否产生白色絮状嘌呤银沉淀。

表 2-23　嘌呤碱的鉴定

管号	RNA 水解液	5％硫酸溶液	浓氨水	25 g·L^{-1}硝酸银溶液
样品管	1 mL	—	1	3 滴
对照管	—	1 mL	1	3 滴

（2）核糖：按表 2-24 进行操作，样品管内加入 RNA 水解液 1 mL、地衣酚试剂 0.5 mL；对照管内加入 5％硫酸溶液 1 mL、地衣酚试剂 0.5 mL。两管均在沸水浴中加热 5 min，观察并记录两管中颜色变化。

表 2-24　核糖的鉴定

管号	RNA 水解液/mL	5％硫酸溶液/mL	地衣酚试剂/mL	沸水浴/min
样品管	1	—	0.5	5
对照管	—	1	0.5	5

（3）磷酸：按表 2-25 进行操作，样品管中加入 RNA 水解液 1 mL、2.5% 钼酸铵溶液 1 mL，再滴加 1% 维生素 C 溶液 2 滴；对照管中加入 5% 硫酸溶液 1 mL、2.5% 钼酸铵溶液 1 mL，同样滴加 1% 维生素 C 溶液 2 滴。两管均静止 5 min，观察并记录两管中颜色变化（如现象不明显，可沸水浴加热 5 min）。

表 2-25 磷酸的鉴定

管号	RNA 水解液/mL	5% 硫酸溶液/mL	2.5% 钼酸铵溶液/mL	1% 维生素 C 溶液/滴
样品管	1	—	1	2
对照管	—	1	1	2

五、注意事项

（1）用 HCl 调 RNA 等电点时，要逐滴滴加，边加边用玻璃棒搅拌，注意 pH 值不要超过 2.5。

（2）使用离心机时要严格进行配平，对称放置。

（3）实验过程中会用到浓硫酸，要小心操作。

六、思考题

（1）为什么离心时一定要配平？

（2）为什么提取 RNA 时不能在 20 ℃至 70 ℃之间停留时间过长？

实验十七　还原型维生素C的测定

一、实验目的

（1）学习并掌握还原型维生素 C（V_c）测定的原理和方法。

（2）掌握微量滴定法的操作技术。

二、实验原理

维生素 C 是人类营养中重要的维生素之一，缺乏时导致坏血病，所以又称为抗坏血酸，在人体物质代谢中起重要的调节作用。一般水果、蔬菜中维生素 C 的含量均较高，不同的水果、蔬菜品种，以及同一品种在不同栽培条件、不同成熟度等情况下，其维生素 C 的含量都有所不同。维生素 C 含量是衡量果蔬品质的重要指标之一。

维生素 C 具有很强的还原性，染料 2,6-二氯酚靛酚具有较强的氧化性，且在酸性溶液中呈红色，在中性或碱性溶液中呈蓝色。因此当用蓝色的碱性 2,6-二氯酚靛酚溶液滴定含有维生素 C 的草酸溶液时，其中的还原型维生素 C 可以将 2,6-二氯酚靛酚还原成无色。但当溶液中的还原型维生素 C 完全被氧化之后，再滴 2,6-二氯酚靛酚就会使溶液呈红色。借此可以指示滴定终点，根据滴定用去的标准 2,6-二氯酚靛酚溶液的量，我们可以计算出被测样品中还原型维生素 C 的含量。

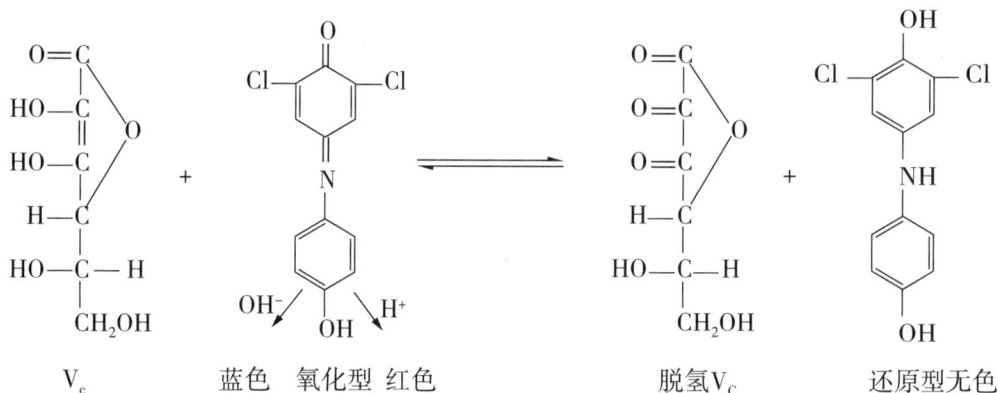

V_c　　　蓝色　氧化型 红色　　　　　脱氢V_c　　　还原型无色

该法简便易行，但有下列缺点：

（1）在生物组织中，抗坏血酸还能以脱氢抗坏血酸及结合抗坏血酸的形式存在。它们同样具有维生素 C 的生理功能，但不能将 2,6-二氯酚靛酚还原脱色；

（2）生物组织提取物和生物体液中，含有其他还原性物质，其中有些也可在同样条件下使 2,6-二氯酚靛酚还原脱色；

（3）在生物组织中，常有色素物质存在，色素物质会给滴定终点的判断造成困难。

三、实验材料、仪器与试剂

（一）实验材料

水果或蔬菜、松针等。

（二）实验仪器

锥形瓶（50 mL），小研钵及杵一套，移液管（10 mL），漏斗，滤纸（7 cm），容量瓶（100 mL），微量滴定管，纱布，洗耳球等。

（三）实验试剂

(1) 2%草酸溶液：草酸 2 g 溶于 100 mL 蒸馏水中。

(2) 1%草酸溶液：草酸 1 g 溶于 100 mL 蒸馏水中。

(3) 0.1 mg·mL^{-1}标准抗坏血酸溶液：称取 10 mg 分析纯抗坏血酸（应为洁白色，若变为黄色则不能用）溶于 80 mL 1%的草酸溶液中，然后转移至 100 mL 容量瓶中，用 1%的草酸溶液定容。使用前配制，避光保存。

(4) 0.02%的 2,6 -二氯酚靛酚钠溶液：将 50 mg 2,6 -二氯酚靛酚溶液溶于 200 mL 含 52 mg 碳酸氢钠的热水中，冷却后定容到 250 mL，装入棕色瓶，于冰箱中保存（4 ℃下约可保存一周）。每次临用时，以标准抗坏血酸液标定。

四、实验步骤

（一）提取

称取水果或蔬菜样品 1 g，放在研钵中，加入 2%草酸溶液（约 5 mL），研碎。通过漏斗将研碎的样品倒入 100 mL 的容量瓶中，研钵及杵用 2%草酸溶液冲洗，并将洗液一并倒入该容量瓶中，最后用 2%草酸溶液定容到刻度，过滤，滤液备用。

（二）染料的标定

取 10 mL 标准抗坏血酸溶液于 3 只锥形瓶中，以 2,6 -二氯酚靛酚溶液滴定至呈粉红色，并在 15 s 内不褪色为终点。计算 1 mL 染料相当于抗坏血酸的毫克数（重复 3 次，取平均值），同时用 2%草酸溶液 10 mL 作空白对照。然后稀释染料至 1 mL 染料相当于 0.088 mg 还原性抗坏血酸。

（三）滴定

取 3 只锥形瓶，分别取滤液 5 mL 或 10 mL 于 2 只锥形瓶中。第 1 只锥形瓶为非准确滴定，用已标定过的 2,6 -二氯酚靛酚溶液，滴定至粉红色并且在 15 s 内不褪色为止，记下染料的用量。第 2 只锥形瓶为准确滴定，在第一次滴定的基础上，快速把 2,6 -二氯酚靛酚溶液放至接近滴定终点，然后缓慢滴加 1～2 滴达到滴定终点（每滴 0.04 mL）。同时，第 3 只锥形瓶中放 2%草酸溶液 5 mL 或 10 mL 作空白对照滴定，1～2 滴即可。

五、结果与计算

$$V_c \ (\mathrm{mg/100\ g} \text{鲜样}) = \frac{(V_a - V_b) \times V_{总} \times 0.088 \times 100}{V \times W}$$

式中，V_a 为滴定样品所用染料体积（mL）；V_b 为滴定空白所用染料体积（mL）；$V_{总}$ 为样品提取液的总体积（mL）；0.088 为 1 mL 染料溶液相当于标准抗坏血酸的毫克数；V 为滴定时吸取样品溶液的体积（mL）；W 为被测样品的重量（g）。

六、注意事项

（1）用 2,6 -二氯酚靛酚溶液滴定样品内的 V_C 时，速度要尽可能快一些（一般不超过 2 min），并且要不断摇动。因为样品内一般都含有一些能将 2,6 -二氯酚靛酚还原的其他物质。不过它们还原此染料的能力，一般比抗坏血酸弱。因此，加快滴定速度，以粉红色出现 15 s 为滴定终点，一般误差不大。

（2）样品的提取液不要暴露在日光中，否则会加速 V_C 的氧化。

（3）如果滤液颜色较深，以致滴定时终点难以判断，可用白陶土先脱色，然后再进行滴定。

（4）某些水果、蔬菜（如橘子、番茄）浆状物泡沫太多，可加数滴丁醇或辛醇。

（5）亚铁离子可还原 2,6 -二氯酚靛酚，对于含大量亚铁离子的样品，可用 8% 乙酸溶液代替草酸溶液提取，此时亚铁离子不会很快与染料起作用。

（6）2% 草酸溶液有抑制维生素 C 氧化酶的作用，而 1% 草酸溶液无此作用。

七、思考题

（1）利用 2,6 -二氯酚靛酚测定还原型维生素 C 有何优缺点？

（2）维生素 C 的生理功能都有哪些？

（3）为了测得准确的还原型维生素 C 含量，实验过程中都应注意哪些操作步骤？为什么？

实验十八 维生素A的提取及含量测定

一、实验目的

（1）了解三氯化锑比色法测定维生素的原理。

（2）熟悉比色法测定维生素的操作步骤。

二、实验原理

维生素A在三氯甲烷中与三氯化锑相互作用产生蓝色物质，其深浅与溶液中维生素A的含量成正比。该蓝色物质虽不稳定，但在一定时间内，可用分光光度计于620 nm波长处，测定其吸光度值。

三、实验仪器与试剂

（一）实验仪器

分光光度计，回流冷凝装置等。

（二）实验试剂

（1）无水硫酸钠（Na_2SO_4）。

（2）乙酸酐。

（3）乙醚：不含有过氧化物。

（4）无水乙醇：不含有醛类物质。

（5）三氯甲烷：应不含分解物，否则会破坏维生素A。

（6）25％三氯化锑-三氯甲烷溶液：将25 g干燥的三氯化锑迅速投入装有100 mL三氯甲烷的棕色试剂瓶中，振摇，使之溶解，再加入无水硫酸钠10 g。用时吸取上层清液。

（7）50％氢氧化钾溶液。

（8）维生素A标准液：取维生素A乙酸酯0.1 g，溶解于100 mL三氯甲烷中。此液为1 mg/mL维生素A储备液，使用时将其稀释为1 $\mu g \cdot mL^{-1}$维生素A操作液。

（9）酚酞指示剂：用95％乙醇配制成1％溶液。

四、实验步骤

维生素A极易被光破坏，实验操作应在微弱光线下进行。

（一）样品处理——研磨法

（1）研磨：精确称2～5 g样品，放入盛有3～5倍样品重量的无水硫酸钠研钵中，研磨至样品中水分完全被吸收并均质化。研磨法适用于每克样品维生素A含量大于510 μg样品的测定，如肝样品，分析步骤简单省时，结果准确。

（2）提取：小心地将全部均质化样品移入带盖的三角瓶内，准确加入50～100 mL乙醚，紧压盖子，用力振摇2 min，使样品中维生素A溶于乙醚中。使其自行澄清大约需12 h，或离心澄清。因乙醚易挥发，气温高时应在冷水浴中操作，装乙醚的试剂瓶也应事先置于冷水浴中。

（3）浓缩：取澄清提取乙醚液 2～5 mL，放入比色皿中，在 70～80 ℃水浴上抽气蒸干。立即加入 1 mL 三氯甲烷溶解残渣。

（二）标准曲线的制备

准确取一定量的维生素 A 标准液，于 6 支试管中，按照表 2 - 26，以三氯甲烷配制标准曲线系列溶液。

表 2 - 26　标准曲线测定

管号	$1 \mu g \cdot mL^{-1}$维生素 A 标准溶液/mL	三氯甲烷/mL	维生素 A 的浓度/（$\mu g \cdot mL^{-1}$）
1	0	10	0
2	1.0	9.0	0.1
3	2.0	8.0	0.2
4	3.0	7.0	0.3
5	4.0	6.0	0.4
6	5.0	5.0	0.5

取 6 支试管，分别取上述系列溶液 1 mL，按顺序移入光路前，迅速加入 9 mL 三氯化锑-三氯甲烷溶液，混合后倒入比色皿，于 620 nm 波长处，于 6 s 内测定吸光度。以 1 号试管调节吸光度至零点。以吸光度 A_{620} 为纵坐标，以维生素 A 含量为横坐标，绘制标准曲线图。

（三）样品的测定

于一个比色皿中加入 1 mL 三氯甲烷、1 mL 样品溶液及 1 滴乙酸酐，其余步骤同标准曲线实验方法。

五、结果与计算

$$X = \frac{C \times V \times 100}{M \times 1000}$$

式中，X 为 100 g 样品中含维生素 A 的质量（mg），如按国际单位，1 个国际单位＝0.3 μg 维生素 A [mg・（100 g）$^{-1}$]；C 为在标准曲线上查得的样品中维生素 A 的含量（$\mu g \cdot mL^{-1}$）；V 为提取后加三氯甲烷定量之体积（mL）；M 为样品质量（g）；100 表示以每百克样品计。

六、思考题

（1）三氯化锑比色法测定维生素的原理是什么？

（2）在实验操作中要注意哪些事项？

第三章　综合性实验

实验十九　植物基因组 DNA 的提取及琼脂糖凝胶电泳检测

一、实验目的

（1）了解植物细胞的特点，掌握植物基因组 DNA 分离、纯化的原理及步骤。

（2）学习琼脂糖凝胶电泳的原理及操作方法。

二、实验原理

植物组织样品经液氮速冻、研磨、破碎细胞后，加入 CTAB（十六烷基三甲基溴化铵）溶液。CTAB 是一种阳离子型去污剂，在高离子浓度的液体中，与蛋白质和多糖等物质形成复合物沉淀，DNA 则溶解于水相中。再利用酚-氯仿-异戊醇抽提的方法进一步去除残留的蛋白质，最后经乙醇沉淀得到 DNA。

琼脂糖凝胶电泳是分离、纯化、鉴定 DNA 片段的典型方法，其特点为简便、快速。DNA 分子在高于其等电点的 pH 溶液中带负电荷，在电场中向正极移动。DNA 分子在电场中通过介质而泳动。除电荷效应外，凝胶介质还有分子筛效应，其与分子大小及构象有关。对于线性 DNA 分子，其在电场中的迁移率与其分子量的对数值成反比，根据目的片段的大小，选择合适的浓度（表 3-1）。

表 3-1　线状 DNA 片段分离的有效范围与琼脂糖凝胶浓度关系

琼脂糖凝胶的百分浓度/%	分离线状 DNA 分子的范围/kb
0.3	60~5
0.6	20~1
0.7	10~0.8
0.9	7~0.5
1.2	6~0.4
1.5	4~0.2
2.0	3~0.1

在凝胶中加入少量溴化乙锭（或其他染料），其分子可插入 DNA 的碱基之间，在 254～365 nm 波长紫外光照射下，呈现橘红色的荧光，因此可对分离的 DNA 进行检测。

三、实验材料、仪器与试剂

（一）实验材料

新鲜嫩叶等。

（二）实验仪器

微量移液器，高速冷冻离心机，水浴锅，超低温冰箱，电泳仪，水平电泳槽，紫外凝胶成像系统等。

（三）实验试剂

(1) CTAB 溶液：100 mmol·L^{-1} Tris-HCl（pH＝8.0），1.4 mol·L^{-1} NaCl 溶液，20 mmol·L^{-1} EDTA 溶液（pH＝8.0），3％ CTAB，0.2％β-巯基乙醇（用前加入）。

(2) 酚-氯仿-异戊醇混合液：酚、氯仿、异戊醇按照体积 25：24：1 混匀，现用现配。

(3) 70％乙醇：70 mL 无水乙醇与 30 mL 蒸馏水混匀，现用现配。

(4) 5×TBE（Tris-硼酸）溶液：54 g Tris（三羟甲基氨基甲烷），27.5 g 硼酸，4.6 g EDTA-Na$_2$溶于去离子水中，定容至 1 L。电泳时稀释 10 倍使用。

(5) 溴化乙锭溶液：5 mg·mL^{-1}的溴化乙锭溶液，避光保存。

(6) 5×上样缓冲液：用 5×TBE 溶液配制 0.5％溴酚蓝，再加等体积甘油混匀。

四、操作步骤

(1) 研钵预冷，放入 1 g 新鲜嫩叶，加入液氮快速研磨成粉末状，将其装入 1.5 mL 的 EP 管（微量离心管）中。

(2) 加入 0.6 mL 预热的 CTAB 溶液，颠倒混匀，65 ℃水浴 30 min，每 10 min 颠倒混匀一次。

(3) 冷却后的 EP 管内加入 0.6 mL 酚-氯仿-异戊醇混合液，剧烈充分混匀。静置 3 min 后，12,000 r·min^{-1}室温离心 10 min。

(4) 小心地将上清液（约 0.45 mL）转移到新的 EP 管中，加入与上清液等体积的酚-氯仿-异戊醇，剧烈充分混匀。静置 3 min 后，12,000 r·min^{-1}室温离心 10 min。

(5) 将上清液（约 0.4 mL）转移到新的 EP 管中，加入 2 倍体积的无水乙醇，颠倒混匀数次，－20 ℃下放置至少 30 min 或过夜。取出后，4 ℃下 12,000 r·min^{-1}离心 20 min，弃上清液保留沉淀。

(6) 用 1 mL 预冷的 70％乙醇溶液上下颠倒洗涤沉淀数次，8,000 r·min^{-1}离心 5 min，弃上清液，重复洗涤离心一次，弃上清液。

(7) 待乙醇充分挥发后，加入 20 μL 无菌水［含 20 μg·mL^{-1}的 RNase（核糖核酸酶）］，37 ℃下水浴 30 min，充分溶解 DNA，即得植物基因组样品。取 5 μL DNA 样品，后续进行琼脂糖凝胶电泳检测。

(8) 称取琼脂糖 1 g，加入 100 mL 0.5×TBE 的电泳缓冲液，加入 250 mL 三角瓶中，在电炉上煮沸直到完全溶解，将溶液冷却到 $50\sim60$ ℃。

（9）加入溴化乙锭到终浓度为 $0.5\ \mu g\cdot mL^{-1}$（应在溴化乙啶污染区完成，必须戴手套），并混匀。

（10）安装好制胶模具，将琼脂糖溶液倒入模具中，放上梳子，梳子须离电泳支架底部 1 mm 左右，这样凝胶两端的电压几乎和外加电压相等，电泳效率高。

（11）室温下放置 $30\sim45$ min，琼脂糖完全凝固后，小心拔去梳子，将支架放入装有电极缓冲液的电泳槽中。

（12）加电极缓冲液（$0.5\times$TBE）至电泳槽中，让液面高于胶面 1 mm。

（13）取聚合酶链式反应（Polymerase Chain Reaction，PCR）产物或 DNA 样品 $2\sim5\ \mu L$，与 $5\times$上样缓冲液混匀，用微量移液器加入样品孔中。

（14）点样端朝向负极，通电，至溴酚蓝移到距边 1 cm 处，取出凝胶，紫外灯下观察。

五、注意事项

（1）用液氮研磨时，要快速研磨，并不断用液氮冷却，防止样品熔化。

（2）样品尽量选取幼嫩的叶片。

（3）加 β-巯基乙醇要在通风橱内进行，并且临用前添加。

（4）加入酚-氯仿-异戊醇混合液后，要充分混匀，剧烈振荡，这样有助于去除蛋白质。

（5）吸取上清液时，宁少勿多，防止吸入酚-氯仿-异戊醇混合液。

（6）$5\times$TBE 缓冲液放置时间过久会产生沉淀，因此一次不要配太多。工作用电泳缓冲液为 $0.5\times$TBE 缓冲液，取 $5\times$TBE 缓冲液贮存液稀释，现配现用。

（7）用于电泳的缓冲液和用于制胶的缓冲液必须统一。

（8）琼脂糖粉加热时间不宜过长，每次当溶液起泡沸腾时停止加热，否则会引起溶液过热暴沸，造成琼脂糖凝胶浓度不准。溶解琼脂糖时，必须保证琼脂糖充分溶解，否则，会造成电泳图像模糊不清。

（9）凝胶不立即使用时，请用保鲜膜将凝胶包好后在 4℃下保存，一般可保存 $2\sim5$ 天。

（10）溴化乙锭是一种强致突变剂，在操作和配制试剂时应戴手套，废液不能直接倒入下水道，应单独收集处理。

六、思考题

（1）CTAB 的作用是什么？

（2）抽提蛋白质时应注意什么？

（3）液氮研磨时的注意事项有哪些？

（4）加 RNase 的作用是什么？

（5）为什么样品孔必须在电泳槽的负极？为什么 DNA 样品总是从负极向正极移动？

（6）为什么小分子的 DNA 凝胶电泳时跑得更快？

实验二十 质粒 DNA 的提取及目的基因 PCR 扩增

一、实验目的

(1) 学习质粒 DNA 的提取原理及方法。

(2) 学习 PCR 反应的基本原理与实验技术。

二、实验原理

质粒是细菌染色体外能自身独立复制的双股环状 DNA，带有遗传信息，可赋予细菌某些新的表型。质粒作为载体，在基因工程中起着重要的作用。通过本实验，我们学习和掌握用碱裂解法提取质粒 DNA。

在碱性环境中，线性的大分子量细菌染色体 DNA 变性，而共价闭环质粒 DNA 仍为自然状态。将 pH 调至中性并在高浓度盐存在的条件下，染色体 DNA 之间交联形成不溶性网状结构。大部分 DNA 和蛋白质在去污剂 SDS 的作用下形成沉淀，而质粒 DNA 仍然溶于液体中。通过离心，去除大部分细胞碎片、染色体 DNA、RNA 及蛋白质，质粒 DNA 在上清液中，再用苯酚-氯仿-异戊醇抽提进一步纯化质粒 DNA。

聚合酶链式反应（Polymerase Chain Reaction，PCR）的原理类似 DNA 的天然复制过程。待扩增的 DNA 片段与其两侧互补的两个寡核苷酸引物，经变性、退火和延伸若干个循环后，DNA 扩增 2^n 倍。

变性：加热使模板 DNA 在高温下（94 ℃）变性，双链间的氢键断裂而形成两条单链。退火：使溶液温度降至 50～60 ℃，模板 DNA 与引物按碱基配对原则互补结合。延伸：使溶液反应温度升至 72 ℃，耐热 DNA 聚合酶以单链 DNA 为模板，在引物的引导下，利用反应混合物中的 4 种 dNTPs（脱氧核糖核苷三磷酸），按 5' 到 3' 方向复制出互补 DNA。上述 3 个步骤为 1 个循环，经 25～30 个循环后，DNA 扩增 10^6～10^9 倍。

三、实验材料、仪器与试剂

（一）实验材料

大肠杆菌等。

（二）实验仪器

离心机，移液枪，制冰机，摇床，微量移液器，PCR 仪等。

（三）实验试剂

(1) 溶液 I（GTE）：50 mmol·L^{-1} 葡萄糖溶液，25 mmol·L^{-1} Tris-HCl 缓冲液，10 mmol·L^{-1} EDTA-Na 溶液，pH＝8.0，高压灭菌，贮存于 4 ℃ 冰箱中。

(2) 溶液 II（SDS-NaOH）（新配制）：0.2 mol·L^{-1} NaOH 溶液，1% SDS（十二烷基硫酸钠）溶液。

(3) 溶液 III（KAc-HAc）：5 mol·L^{-1} KAc 溶液 60 mL，冰醋酸 11.5 mL，加水定容

至 100 mL，高压灭菌，贮存于 4 ℃冰箱中。

（4）TE 溶液：10 mmol · L⁻¹ Tris - HCl 缓冲液，1 mmol · L⁻¹ EDTA - Na₂ 溶液，pH＝8.0，高压灭菌，贮存于 4 ℃冰箱中。

（5）引物：根据目的基因片段合成。

（6）DNA 聚合酶、dNTPs 等从生物试剂公司购买，引物由生物公司合成。

四、实验步骤

（1）取培养至饱和的大肠杆菌 1 mL，离心 5 min 12,000 r · min⁻¹，去上清液。

（2）若菌体少，可再取 1 mL 菌液，重复步骤（1）。

（3）将细菌沉淀悬浮于 0.10 mL 冰预冷的溶液 I 中，强烈振荡混匀。

（4）加 0.20 mL 溶液 II，盖盖，温和颠倒数次混匀（不可强烈振荡），放置冰上 3 min。

（5）加入 0.15 mL 溶液 III，盖盖，温和振荡混匀，冰上放置 5 min。

（6）离心 5 min 12,000 r · min⁻¹，4 ℃，取上清液移至新离心管中。

（7）加入等体积（0.45 mL）苯酚-氯仿-异戊醇（体积比为 25∶24∶1），剧烈振荡混匀，离心 5 min 12,000 r · min⁻¹、4 ℃，取上清液移至新离心管中。

（8）加两倍体积（0.90 mL）预冷的无水乙醇，振荡混匀，-20 ℃下放置至少 30 min 后，离心 5 min 12,000 r · min⁻¹。

（9）弃上清液，加入 1 mL 预冷的 70％乙醇振荡漂洗沉淀，离心 5 min 12,000 r · min⁻¹、4 ℃。

（10）弃上清液，室温下蒸发掉乙醇。

（11）加入 20 μL TE 溶液，充分溶解 DNA。

（12）标准的 PCR 反应体系：在 PCR 反应管内加入表 3-2 中的溶液。

表 3-2　PCR 反应体系

试剂	加样量/μL
4 种 dNTPs 混合物（1 mmol · L⁻¹）	2
上游引物（10 mmol · μL⁻¹）	1
下游引物（10 mmol · μL⁻¹）	1
模板 DNA（50 ng · μL⁻¹）	2
Taq DNA 聚合酶（1 U · μL⁻¹）	1
10 buffer	2
dd H₂O	11
总体积	20

（13）盖好 PCR 反应管的盖子，混匀，将反应管放入 PCR 仪中，按以下步骤扩增：

94 ℃下预变性 3 min；

94 ℃下变性 30 s，45 ℃下退火 40 s，72 ℃下延伸 1 min，循环 35 次（根据目的基因确定）；

72 ℃下延伸 10 min；

4 ℃下保存。

（14）取 5 μL PCR 产物进行琼脂糖凝胶电泳检测。

五、注意事项

（1）使用菌体培养液不宜过多，否则会导致菌体裂解不充分。对低拷贝数质粒，提取时可加大菌体用量并加倍使用溶液Ⅰ、Ⅱ和Ⅲ，这样有助于增加质粒提取量和提高质粒质量。

（2）溶液使用不当：溶液Ⅱ和Ⅲ在温度较低时可能变浑浊，应置于 37 ℃保温片刻，直至溶解为清亮的溶液才能使用。

（3）PCR 产物的电泳检测时间一般为 48 h 以内，有些最好于当日电泳检测，大于 48 h 后带型不规则甚至消失。

（4）出现片状拖带或涂抹带：PCR 扩增有时出现涂抹带或片状带或地毯样带。其原因往往是酶量过多或酶的质量差，dNTPs 浓度过高，Mg^{2+} 浓度过高，退火温度过低，循环次数过多。其对策：①减少酶量，或调换另一来源的酶；②减少 dNTPs 的浓度；③适当降低 Mg^{2+} 浓度；④增加模板量，减少循环次数。

六、思考题

（1）染色体 DNA 与质粒 DNA 分离的主要依据是什么？

（2）质粒 DNA 提取试剂溶液Ⅰ、Ⅱ、Ⅲ的作用是什么？

（3）PCR 的反应原理是什么？

（4）查阅资料，结合实际情况，如何正确设计一种 PCR 反应引物？

实验二十一 蛋白质的 SDS 聚丙烯酰胺凝胶电泳

一、实验目的

了解 SDS-PAGE（聚丙烯酰胺凝胶）电泳的原理及测定蛋白质的相对分子质量的方法。

二、实验原理

蛋白质是两性电解质，在一定的 pH 条件下可解离而带电荷。当溶液的 pH 大于蛋白质的等电点时，蛋白质本身带负电，在电场中将向正极移动；当溶液的 pH 小于蛋白质的等电点时，蛋白质带正电，在电场中将向负极移动。蛋白质在特定电场中移动的速度取决于其本身所带的净电荷的多少、蛋白质颗粒的大小和分子形状、电场强度等。

聚丙烯酰胺凝胶是由一定量的丙烯酰胺和双丙烯酰胺聚合而成的三维网状孔结构。本实验采用不连续凝胶系统，调整双丙烯酰胺的用量，可制成不同孔径的两层凝胶。这样，当含有不同分子量的蛋白质溶液通过这两层凝胶时，因受阻滞的程度不同而表现出不同的迁移率。由于上层胶的孔径较大，不同大小的蛋白质分子在通过大孔胶时，受到的阻滞基本相同，因此以相同的速率移动。当进入小孔胶时，分子量大的蛋白质移动速度减慢，因而在两层凝胶的界面处，样品被压缩成很窄的区带，这就是浓缩效应和分子筛效应。同时，上层浓缩胶和下层分离胶，采用两种缓冲体系，这样浓缩胶和分离胶之间 pH 的不连续性，控制了慢离子的解离度，进而达到控制其有效迁移率之目的。不同蛋白质具有不同的等电点，在进入分离胶后，各种蛋白质由于所带的静电荷不同，而有不同的迁移率。在聚丙烯酰胺凝胶电泳中存在的浓缩效应、分子筛效应及电荷效应，使不同的蛋白质在同一电场中得到有效的分离。

SDS 是十二烷基硫酸钠（sodium dodecyl sulfate），它是一种阴离子去污剂，能按一定比例与蛋白质分子结合成带负电荷的复合物，其负电荷远远超过了蛋白质原有的电荷，也就消除或减少了不同蛋白质之间原有的电荷差别。这样就使电泳迁移率只取决于分子大小这一因素，我们就可根据标准蛋白质的相对分子量的对数-迁移率标准曲线，求得未知蛋白质的相对分子质量。

三、实验仪器与试剂

（一）实验仪器

直流稳压电泳仪，垂直板电泳槽，微量注射器（20 μL）等。

（二）实验试剂

（1）凝胶贮备液：丙烯酰胺（Acr）29.2 g，亚甲基双丙烯酰胺（Bis）0.8 g，加水至 100 mL，外包锡纸，4 ℃冰箱中保存，30 天以内使用。

（2）分离胶缓冲液：1.5 mol·L^{-1} Tris-HCl 缓冲液，pH 为 8.8。

称取 18.15 g Tris（三羟甲基氨基甲烷），加约 80 mL 重蒸水，用 1 mol·L^{-1} HCl 溶液调 pH 到 8.8，用重蒸水稀释至最终体积为 100 mL，4 ℃冰箱中保存。

（3）浓缩胶缓冲液：0.5 mol·L^{-1} HCl 溶液，pH 为 6.8。

称取 6 g Tris，加约 60 mL 重蒸水，用 1 mol·L^{-1} HCl 溶液调 pH 至 6.8，用重蒸水定容至最终体积为 100 mL，4 ℃冰箱中保存。

（4）10% SDS 溶液：将 10 g SDS 粉末溶于 100 mL 水中，室温保存。

（5）2 倍还原缓冲液（2×reducing buffer）：0.5 mol·L^{-1} Tris - HCl 缓冲液（pH 为 6.8）2.5 mL，甘油 2 mL，10% SDS 溶液 4 mL，0.1%溴酚蓝溶液 0.5 mL，β-巯基乙醇 1.0 mL，总体积 10 mL。

（6）电极缓冲液：pH 为 8.3，Tris 3 g，甘氨酸 14.4 g，SDS 1 g，加水定容至 1000 mL，4 ℃冰箱中保存。

（7）低相对分子质量标准蛋白质：标准蛋白质开封后溶于 200 μL 水，加 200 μL 2 倍还原缓冲液，分装，-20 ℃下保存。临用前沸水浴 3～5 min。

（8）10%过硫酸铵溶液：将 1 g 过硫酸铵粉末溶于 10 mL 水中，此溶液需临用前配制。

（9）染色液：0.25 g 考马斯亮蓝 R - 250，加入 91 mL 50%甲醇、9 mL 冰醋酸。

（10）脱色液：50 mL 甲醇，75 mL 冰醋酸，875 mL 水，混匀。

四、实验步骤

1. 安装垂直制胶板

将垂直制胶板装好，不同的制胶板安装方法不同，按说明书操作。

2. 配制相应浓度的分离胶

根据分离蛋白质的相对分子质量范围，按照表 3 - 3 选择分离胶的浓度，并按照表 3 - 4 中试剂的量，配制相应浓度的分离胶。

表 3 - 3　蛋白质不同的相对分子量对应分离胶的浓度

蛋白质的相对分子质量的范围	分离胶的浓度
<10^4	20%～30%
$1×10^4$～$4×10^4$	15%～20%
$4×10^4$～$1×10^5$	10%～15%
$1×10^5$～$5×10^5$	5%～10%
>$5×10^5$	2%～5%

表 3 - 4　不同浓度分离胶的配制方法

分离胶的浓度	20%	15%	12%	10%	7.5%
水/mL	0.75	2.35	3.35	4.05	4.85
1.5 mol·L^{-1} Tris - HCl 缓冲液（pH 为 8.8）/mL	2.5	2.5	2.5	2.5	2.5
10%SDS 溶液/mL	0.1	0.1	0.1	0.1	0.1
凝胶贮备液（Acr/Bis）/mL	6.6	5.0	4.0	3.3	2.5
10%过硫酸铵溶液/μL	45	45	45	45	45

（续表）

分离胶的浓度	20%	15%	12%	10%	7.5%
TEMED（四甲基乙二胺）溶液/μL	5	5	5	5	5
总体积/mL	10	10	10	10	10

3. 分离胶的灌制

根据待测蛋白质样品的相对分子质量选择合适的分离胶浓度，在试管中依次加入表 3-5 中的试剂，配制 12% 浓缩胶 1 块。

表 3-5　分离胶的配制

试剂	体积
dd H$_2$O/mL	1.675
凝胶贮备液（Acr/Bis）/mL	2.0
1.5 mol·L^{-1} Tris-HCl 缓冲液（pH 为 8.8）/mL	1.25
10%SDS 溶液/mL	0.05
10%过硫酸铵溶液/μL	22.5
TEMED（四甲基乙二胺）溶液/μL	2.5

因为加入 TEMED 后凝胶就开始聚合，所以应立即混匀混合液，然后用滴管吸取分离胶，在电泳槽的两玻璃之间灌注，留出梳齿的齿高并加 1 cm 的空间以便灌注浓缩胶。

用滴管小心地在溶液上覆盖一层水，将电泳槽垂直静置于室温下 30~60 min，分离胶则聚合，待分离胶聚合完全后，除去覆盖的水，尽可能去干净。

4. 浓缩胶的配制和灌制

采用 5% 的浓缩胶，按表 3-6 配制浓缩胶。

表 3-6　浓缩胶的配制

试剂	体积
dd H$_2$O/mL	2.88
凝胶贮备液（Acr/Bis）/mL	0.78
0.5 mol·L^{-1} Tris-HCl 缓冲液（pH 为 6.8）/mL	1.25
10%SDS 溶液/mL	0.05
10%过硫酸铵溶液/μL	35
TEMED 溶液/μL	5

小心插入梳子，避免混入气泡，静置于室温下至浓缩胶完全聚合（约需 30 min）。

5. 蛋白质样品的制备

大肠杆菌菌液 1 mL，3,000 r·min^{-1} 离心 10 min，彻底去除上清液，加入 50 μL 水和 50 μL 的 2 倍还原缓冲液，充分混匀后，沸水浴 3~5 min，取出冷至室温。12,000 r·min^{-1} 离心 5 min，吸取上清液，若浑浊，再离心一次，上清液即待测蛋白质样品。

6. 标准蛋白质的制备

取一管预先分装好的低相对分子质量标准蛋白质，放入沸水浴中加热 3～5 min，取出冷至室温。

7. 电泳

待浓缩胶完全聚合后，小心拔出梳齿，用电极缓冲液洗涤加样孔（梳孔）数次，点样，然后将电泳槽注满电极缓冲液。

接上电泳仪，上电极接电源的负极，下电极接电源的正极。打开电泳仪电源开关，调节电流至 20～30 mA 并保持电流恒定。待蓝色的溴酚蓝条带迁移至距凝胶下端约 1 cm 时，停止电泳。

8. 染色与脱色

小心地将胶取出，置于大培养皿中，加染色液染色 0.5 h，倾出染色液，加入脱色液，数小时更换一次脱色液，直至背景清晰。

9. 相对分子质量的计算

用直尺分别量出标准蛋白质、待测蛋白质区带中心以及染料距分离胶顶端的距离，按下式计算相对迁移率：

$$相对迁移率＝样品迁移距离（cm）/染料迁移距离（cm）$$

以标准蛋白质相对分子质量的对数，对相对迁移率作图，得到标准曲线。根据待测蛋白质样品的相对迁移率，从标准曲线上查出其相对分子质量。

五、注意事项

（1）制胶时，模具要清洗干净，安装到位，防止灌胶时漏胶。倒胶时要均匀快速，不能产生气泡，防止胶不均匀。

（2）把握好分离胶的灌注高度，高了会导致浓缩胶太少，低了会影响分离效果。

（3）灌好分离胶后，加入适量水，确保分离胶面平整。

（4）电泳时，关注电流。若电流降低，则及时补充电泳缓冲液。

六、思考题

（1）样品溶液中各种试剂的作用是什么？

（2）本实验是否需在低温下进行？

（3）电泳过程中正、负极发生什么变化？

（4）影响实验误差的可能原因有哪些？根据你的实验进行分析。

实验二十二　大蒜SOD的分离提取与总抗氧化活性测定

一、实验目的

（1）掌握大蒜 SOD 的提取与纯化的原理及其方法。

（2）掌握总抗氧化活性的测定原理及其方法。

二、实验原理

超氧化物歧化酶（superoxide dismutase，SOD）广泛存在于动植物及微生物体内，可催化细胞内超氧阴离子（O_2^-）的歧化反应，使 O_2^- 转化为 H_2O_2 和 O_2。因此，SOD 具有抗脂质氧化、抗衰老、抗辐射和消炎等功能，在医药、食品、化妆品等领域有着广阔的应用前景。

SOD 是一种亲水性的酸性酶蛋白，按照其结合的金属离子，可分为 Fe – SOD、Mn – SOD 和 Cu/Zn – SOD 三种。Cu/Zn – SOD 是分布最广且最重要的 SOD，主要存在于真核细胞内，分子量约为 32 kD，一般由两个亚基组成。

SOD 对热、pH 等有很强的稳定性，即使温度达到 60 ℃，经短时处理，酶活性也几乎无损失。同时，酶活性不受乙醇和氯仿影响。

大蒜蒜瓣中富含 SOD。本实验通过研磨破碎大蒜细胞后，用 pH＝7.8 的磷酸盐缓冲液将 SOD 提取出来，用乙醇和氯仿去除杂蛋白；由于 SOD 不溶于丙酮，因此，可用丙酮将其沉淀析出。

表征样品抗氧化能力的方法有多种，总抗氧化活性是一种较为常见且操作简便的检测样品抗氧化能力的方法。其原理：具有抗氧化活性的物质可以将钼酸铵中的 Mo（Ⅵ）还原为 Mo（Ⅴ），并且在酸性条件下形成绿色的钼酸盐，该产物于 695 nm 处有最大光吸收。样品的总抗氧化活性越强，产物在 695 nm 处的吸光度值越大。因此，吸光度值可以反映出 SOD 的总抗氧化活性。

三、实验材料、仪器与试剂

（一）实验材料

大蒜等。

（二）实验仪器

电子天平，研钵，离心机，可见分光光度计，洗瓶，玻璃棒，塑料离心管，量筒，小烧杯，小试管，吸量管，胶头滴管，水浴锅等。

（三）实验试剂

（1）磷酸盐缓冲液（pH＝7.8，0.05 mol·L⁻¹）：称取 71.64 g Na_2HPO_4·$12H_2O$ 溶于蒸馏水中，并定容至 1000 mL，简称 A 液；称取 0.0453 g NaH_2PO_4·$2H_2O$ 溶于蒸馏水中并定容至 1000 mL，简称 B 液。取 915 mL A 液、85 mL B 液，混合，用蒸馏水稀释 4 倍即得。

（2）钼酸铵反应体系：将 2.13 g Na_3PO_4、0.99 g 四水合钼酸铵、6.67 mL 浓 H_2SO_4 溶于 200 mL 蒸馏水中，使其浓度分别为 28 mmol·L^{-1}、4 mmol·L^{-1} 和 0.6 mol·L^{-1}，混合均匀。

（3）氯仿-乙醇混合液：按氯仿与无水乙醇的体积比 3：5 进行配制。

（4）冷丙酮。

（5）石英砂。

四、实验步骤

（一）SOD 提取

用电子天平称取 2.45 g 去皮的大蒜蒜瓣，放入研钵中，再加入少量石英砂和 5 mL pH＝7.8 的 0.05 mol·L^{-1} 磷酸盐缓冲液，研磨成匀浆，浸提 5 min，使 SOD 提取充分。将研钵中的溶液全部转入塑料离心管，4,800 r·min^{-1} 离心 5 min，保留上清液（提取液），弃沉淀。用量筒准确测量上清液体积，即提取液，记录为 V_1。用吸量管从上清液中吸取 1.0 mL 溶液至一支小试管中，供后续实验使用。

（二）除杂蛋白

向剩余提取液（V_1-1）mL 中加入其 1/4 体积的氯仿-乙醇混合液，摇匀，静止 5 min，4,800 r·min^{-1} 离心 5 min。用胶头滴管小心吸出最上层溶液，弃去剩下的中间层杂蛋白及下层有机溶剂，即粗酶液，用量筒准确测量粗酶液总体积，记录为 V_2，用吸量管从粗酶液中吸取 1.0 mL 溶液至另一支小试管中，供后续实验使用。

（三）SOD 的沉淀分离

向剩余的粗酶液（V_2-1）mL 中加入等体积的冷丙酮，摇匀，放置 5 min，4,800 r·min^{-1} 离心 5 min，弃上清液。向沉淀中加入 3 mL 磷酸盐缓冲液，用玻璃棒将沉淀搅起，使之充分溶解，即 SOD 液。用量筒准确测量其体积，记录为 V_3。

（四）样品稀释

用吸量管分别吸取提取液、粗酶液、酶液各 0.3 mL，按以下倍数用蒸馏水分别进行稀释（提取液 20×，粗酶液 10×，酶液 5×），摇匀，供测定总抗氧化活性使用。

（五）总抗氧化活性测定

取稀释后的提取液、粗酶液、酶液进行 SOD 总抗氧化活性检测，具体步骤如下：

取 4 支 15 mL 塑料离心管，按表 3-7 加入各试剂；

于 95 ℃下水浴 30 min，用空白管调零，于 695 nm 处测定吸光度值。

表 3-7　总抗氧化活性的测定　　　　　　　　　　　单位：mL

试剂	空白管	提取液	粗酶液	酶液
样品	—	0.2	0.2	0.2
蒸馏水	0.2	—	—	—
钼酸铵反应体系	3.5	3.5	3.5	3.5

（六）实验数据记录

将所测得的实验数据记录在表 3－8 中。

表 3－8 实验数据记录表

	提取液	粗酶液	酶液
总体积/mL	V_1	V_2	V_3
A_{695}（总抗氧化活性）	A_1	A_2	A_3

五、结果与计算

总抗氧化活性：

$$提取液总活力/U＝A_1×V_1÷测定活力时的体积×稀释倍数$$

$$粗酶液总活力/U＝A_2×V_2÷测定活力时的体积×稀释倍数$$

$$酶液总活力/U＝A_3×V_3÷测定活力时的体积×稀释倍数$$

回收率：

$$粗酶液回收率（\%）＝粗酶液总活力/提取液总活力×100$$

$$酶液回收率（\%）＝酶液总活力/提取液总活力×100$$

六、注意事项

（1）研磨大蒜蒜瓣时要尽可能充分。

（2）氯仿和丙酮等有机溶剂有毒，小心使用，不要弄到皮肤上。

（3）使用离心机时，要注意严格配平。

（4）水浴加热过程中要精准计时，时间到后，立即用可见分光光度计进行检测，不要用自来水冷却。

七、思考题

（1）SOD 提取分离过程中如何避免酶失活？

（2）总抗氧化活性测定的注意事项有哪些？

实验二十三　食用菌多糖分离纯化与性质测定

一、实验目的

（1）了解和熟悉食用菌多糖的分离与纯化过程。

（2）学习食用菌多糖的有关性质的测定方法。

二、实验原理

多糖是生物有机体的重要结构成分，也是一种重要的信号或信息分子的受体，参与分子识别及细胞防御机制等重要功能。目前，研究发现多糖及其复合物中的糖链，是生命科学中除肽链、核苷酸链之外，具有重大生物学意义的第三链。多糖具有增强免疫、降血压、降血脂、降血糖、抗衰老、防辐射等多方面的药理作用。

食用菌多糖是一种水溶性多糖，采用温水浸泡提取法，可把食用菌中的多糖成分分离出来。由于食用菌多糖不溶于乙醇，因此，用乙醇沉淀法，可把多糖组分从水提液中分离出来，得到粗多糖。采用离子交换柱层析法和凝胶过滤柱层析法，进一步纯化，把粗多糖中的杂质除去，得到食用菌多糖成分。

运用琼脂糖凝胶电泳法鉴定其纯度，用比色法测定其多糖、蛋白质等含量，用凝胶过滤法测定其分子量，用薄层层析法、气相色谱法分析单糖组成。

三、实验材料、仪器与试剂

（一）实验材料

食用菌子实体（实验前烘干，用捣碎机粉碎，备用）等。

（二）实验仪器

紫外可见分光光度计，自动部分收集器，恒流泵，梯度温和仪等层析系统，离心机，恒温水浴锅，烘箱，酒精喷灯等。

（三）实验试剂

DEAE-52 纤维素［Whatman（沃特曼）公司生产］，Superdex-200［pharmacia（法玛西亚）公司］，葡聚糖，标准单糖，浓 H_2SO_4，$BaCO_3$，H_2O_2 等。

四、实验步骤

（一）离子交换剂的预处理

称取 1.8 g DEAE-52 纤维素，置于小砂芯漏斗中。先在 20 mL 0.5 mol·L^{-1} NaOH 溶液中浸泡 30 min，然后用双蒸水洗至中性。再用 20 mL 0.5 mol·L^{-1} HCl 溶液浸泡 30 min，然后水洗至 pH 为 4.0。最后用 20 mL 0.5 mol·L^{-1} NaOH 溶液浸泡 30 min 后，水洗至中性。

（二）食用菌粗多糖的提取

食用菌粗多糖的提取工艺流程如图 3-1 所示。

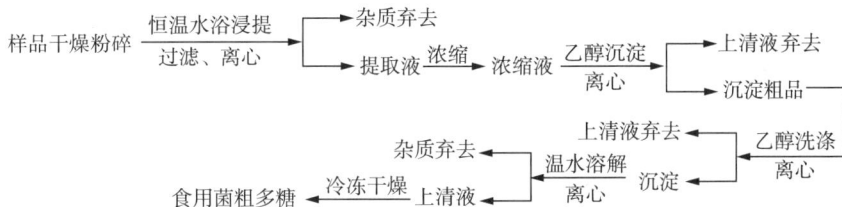

图 3-1 食用菌粗多糖的提取工艺流程

将食用菌干品粉碎，取 100 g，按设计的料液比加入双蒸水，置于恒温水浴锅中浸提。纱布过滤，滤液离心 10 min（4,000 r·min⁻¹），取上清液，浓缩。浓缩液中加入 $60\%\sim80\%$ 乙醇，4 ℃下静置过夜，$4,000\ r\cdot min^{-1}$ 离心 10 min，取其沉淀部分，用无水乙醇洗涤，$4,000\ r\cdot min^{-1}$ 离心 10 min。然后用温水溶解，$4,000\ r\cdot min^{-1}$ 离心 10 min，去除其不溶性杂质，水溶液冷冻干燥，即得食用菌粗多糖，计算其多糖提取率。

（三）食用菌多糖的分离、纯化

食用菌粗多糖中除了含有食用菌多糖外，还含有蛋白质、色素等杂质。需先进行脱蛋白（Sevag 法）、脱色素（H_2O_2 氧化法）处理，最后通过离子交换柱层析（DEAE-52 纤维素）、凝胶过滤柱层析（Sephadex G 系列）等方法，对其进行进一步纯化。〔注：该过程需要学生通过查阅资料，确定实验条件，还要了解一些实验原理，以便对实验进行充分的准备；还要让学生学会积极思考，注意实验操作过程中出现的问题。这样能使学生掌握多糖等大分子物质分离、纯化等常用方法的原理和其操作步骤，培养科研意识及解决实际问题的能力。〕

（四）食用菌多糖的纯度鉴定

分离纯化得到的食用菌多糖，可以通过琼脂糖凝胶电泳等方法，进行纯度鉴定。在实验过程中，需要学生自己配胶、制胶、操作电泳仪，并进行胶的染色和脱色。由此，加深学生对电泳原理、电泳仪操作原理和方法的了解，掌握电泳的一般操作步骤，发现并解决实验过程中出现的问题。根据实验电泳条带，学生可以直观地看到食用菌多糖的纯度情况。

（五）食用菌多糖的有关性质测定

1. 食用菌多糖的紫外可见光区扫描

将食用菌多糖溶于适量的蒸馏水中并于 $190\sim600\ nm$ 处扫描。该步骤主要是考查学生对蛋白质、核酸等物质特征吸收峰的掌握程度，了解分离纯化得到的食用菌多糖是否含有核酸、蛋白质等物质。

2. 食用菌多糖等有关含量测定

（1）采用硫酸-蒽酮比色法或硫酸-苯酚比色法测定多糖的含量。

（2）采用考马斯亮蓝比色法测定蛋白质的含量。该测定结果可以和 $190\sim600\ nm$ 紫外可见光区扫描结果相互验证。

五、注意事项

（1）沉淀食用菌粗多糖时，要控制好乙醇浓度。

（2）Sevag 法试剂中的氯仿等有机溶剂有毒，要小心使用，不要弄到皮肤上。

（3）使用离心机时，要注意严格配平。

（4）对 DEAE-52 纤维素进行前处理时要严格控制酸碱度。

六、思考题

（1）食用菌粗多糖的温水浸提过程有哪些步骤？

（2）总抗氧化活性测定的注意事项有哪些？

（3）对于 DEAE-52 纤维素，使用前是如何处理的？

实验二十四 大豆磷脂的提取及含量测定

一、实验目的

(1) 了解大豆磷脂的提取工艺。

(2) 学习大豆磷脂含量的测定方法。

二、实验原理

大豆磷脂是一种具有较高营养价值的天然乳化剂,含有丰富的卵磷脂、脑磷脂、肌醇磷脂、丝氨酸磷脂等成分,其脂肪酸中含有 60% 的不饱和脂肪酸。根据不同磷脂在不同溶剂中溶解度的差别,我们可选用一些特殊的溶剂,进行分离提取。对提取物含量,可采取定磷法进行常规测定,也可用其他方法进行定量测定。大豆磷脂含量一般为 1.5%～3.0%。本实验包括大豆磷脂的提取和大豆磷脂的含量测定。

Ⅰ 大豆磷脂的提取

一、实验原理

磷脂一般为无毒无味或有淡淡气味的微黄色液体;其黏稠度差别很大,可稠至蜡状;颜色从浅黄至棕黄色;磷脂不耐高温,80 ℃开始变为棕色,120 ℃开始分解。磷脂在不同溶剂中的溶解度差别也很大,它可以溶于乙醚、苯、乙酸乙酯、三氯甲烷等溶剂,也可溶于脂肪酸和矿物油,但是不溶于丙酮。目前制备大豆磷脂的方法很多,最方便的是从大豆油或油脚中提取。由于磷脂不溶于丙酮的性质,提取的磷脂用丙酮反复多次洗涤,可得到比较纯的磷脂。

大豆油或油脚中的磷脂是游离羟基结构,亲水性较强。因此,可采用有机溶剂萃取油脚中油脂,再将中性油脂和磷脂分离,制备粉状磷脂。乙酸乙酯是一种较好的有机溶剂,在一定条件下,乙酸乙酯可萃取出油脚中的中性油脂。这样不但不破坏磷脂与水的亲和力,而且还使油脚中磷脂由大胶团变成了松散的小胶粒而沉淀于溶剂中,有较好的分离效果。

二、实验材料、仪器与试剂

(一) 实验材料

大豆油或大豆油脚等。

(二) 实验仪器

恒温水浴锅,磁力搅拌器,旋转蒸发器,蒸汽蒸馏装置,真空抽滤泵等。

(三) 实验试剂

乙酸乙酯或乙醇等。

三、实验步骤

(1) 称取大豆油脚 10 g(如果是大豆油可加 2 mL 蒸馏水),加 2 倍体积的乙酸乙酯于锥形瓶中，在 45～50 ℃水浴中搅拌 30 min，充分混匀，然后在－10 ℃条件下静置 20 min。

（2）4,000 r·min⁻¹离心 15 min，取沉淀物，上清液中乙酸乙酯蒸馏回收。

（3）沉淀物用乙酸乙酯在 45～50 ℃水浴中搅拌 30 min，充分混匀；然后在－10 ℃条件下静置 20 min，4,000 r·min⁻¹离心 15 min，取沉淀物，反复萃取 2～3 次，所得的沉淀物即较纯的大豆磷脂；将其置于 60 ℃干燥箱中干燥 8 h，取出研碎，即得粉状大豆磷脂产品。

Ⅱ　大豆磷脂的含量测定

一、实验目的

学习用钼蓝法测定大豆磷脂中磷的含量。

二、实验原理

产品中的有机物经酸氧化，其中的磷在酸性条件下与钼酸铵结合，生成磷钼酸铵。此化合物可被对苯二酚、亚硫酸钠还原成蓝色化合物——钼蓝。用分光光度计在波长 660 nm 处测定钼蓝的吸光度值，以定量测定磷含量。本方法最低检出限为 2 μg。

消化原理：利用高氯酸-硝酸的混合酸，对样品进行消化，使有机磷化合物转变为无机磷，可供定磷使用。

三、实验仪器与试剂

（一）实验仪器

实验室常用设备，分光光度计等。

（二）实验试剂

本实验用水均需用蒸馏水或去离子水。试剂纯度均为分析纯。

（1）浓硫酸：比重为 1.84 g/cm³。

（2）高氯酸-硝酸消化液：1∶4 混合液（$V:V$）。

（3）15％硫酸溶液：取 15 mL 浓硫酸缓慢加入 80 mL 水中混匀。冷却后用水稀释至 100 mL。

（4）钼酸铵溶液：称取 5 g 钼酸铵〔(NH₄)₆Mo₇O₂₄·4H₂O〕，用 15％硫酸溶液稀释至 100 mL。

（5）对苯二酚溶液：称取 0.5 g 对苯二酚，溶于 100 mL 水中，使其溶解，并加入一滴浓硫酸（减缓氧化作用）。

（6）亚硫酸钠溶液：称取 20 g 亚硫酸钠于 100 mL 水中，使其溶解。此溶液最好于实验前临时配制，否则可使钼蓝溶液浑浊。

（7）磷标准储备液（100 μg·mL⁻¹）：精确称取在 105 ℃下干燥的磷酸二氢钾（优级纯）0.4394 g，置于 1000 mL 容量瓶中，加水溶解并稀释至刻度。此溶液每毫升含 100 μg 磷。

（8）磷标准使用液（10 μg·mL⁻¹）：准确吸取 10 mL 磷标准储备液，置于 100 mL 容量瓶中，加水稀释至刻度，混匀。此溶液每毫升含磷 10 μg。

四、实验步骤

（一）样品消化

（1）称取各类食物的均匀干样 0.1～0.5 g 或湿样 2～5 g 于 100 mL 凯氏烧瓶中，加入 3 mL浓硫酸、3 mL高氯酸-硝酸消化液，置于消化炉上，瓶中液体初为棕黑色，待溶液变成无色或微带黄色清亮液体时，即消化完全。将溶液放冷，加 20 mL 水，冷却后转移至100 mL 容量瓶中。用水多次洗涤凯氏烧瓶，洗液合并倒入容量瓶内，加水至刻度，混匀。此溶液为样品测定液。

（2）取与消化样品同量浓硫酸、高氯酸-硝酸消化液，按同一方法准备空白溶液。

（3）磷标准曲线测定按表 3-9 操作。

表 3-9 磷标准曲线测定

试剂	20 mL 具塞试管							
	1	2	3	4	5	6	7	样品待测液 2 mL
标准无机磷溶液/mL	0	0.5	1.0	2.0	3.0	4.0	5.0	
无机磷含量/μg	0	5	10	20	30	40	50	
蒸馏水/mL	5	4.5	4	3	2	1	0	3
钼酸/mL	2	2	2	2	2	2	2	2
亚硫酸钠溶液/mL	1	1	1	1	1	1	1	1
对苯二酚溶液/mL	1	1	1	1	1	1	1	1
摇匀，加水至刻度，混匀。静置 30 min，于 660 nm 波长处测定吸光度								

根据测出的吸光度和磷含量绘制标准曲线。

（二）样品测定

准确吸取样品测定液 2 mL 及同量的空白溶液，分别置于 20 mL 具塞试管中，其余操作步骤同标准曲线，根据测出的吸光度在标准曲线上查得未知液中的磷含量。

五、结果与计算

$$X = \frac{C}{m} \times \frac{V_1}{V_2} \times 100$$

式中，X 为样品中磷含量（mg·100 g^{-1}）；C 为从标准曲线上查得或由回归方程算得的样品测定液中的磷含量（mg）；V_1 为样品消化液定容总体积（mL）；V_2 为测定用样品消化液的体积（mL）；m 为样品质量（g）。

结果的重复性：同一实验室中的平行测定或重复测定结果相对偏差绝对值≤5%。

实验二十五　植物组织中核酸的提取和测定

一、实验目的

(1) 掌握从植物组织中提取核酸的方法。

(2) 掌握 RNA、DNA 的定性鉴定方法。

二、实验原理

用冰冷的稀三氯乙酸溶液或稀高氯乙酸溶液，在低温下抽提植物组织匀浆，以除去酸溶性小分子物质。再用有机溶剂，如乙醇、乙醚等抽提，去掉脂溶性的磷脂等物质。最后用浓盐溶液（10%氯化钠溶液）和 $0.5\ mol \cdot L^{-1}$ 高氯酸（70 ℃），分别提取 DNA 和 RNA，再进行定性鉴定。

由于核糖和脱氧核糖有特殊的颜色反应，经显色后所呈现的颜色深浅，在一定范围内和样品中所含的核糖和脱氧核糖的量成正比，因此可用此法来定性、定量测定核酸。

（一）核糖的测定

测定核糖的常用方法：苔黑酚法［即 3,5 -二羟基甲苯法（Orcinol 反应）］。当含有核糖的 RNA 与浓盐酸及 3,5 -二羟基甲苯，在沸水浴中加热 10～20 min 后，有绿色复合物产生。这是因为 RNA 脱嘌呤后的核糖与酸作用后生成糠醛，后者再与 3,5 -二羟基甲苯作用产生绿色复合物。

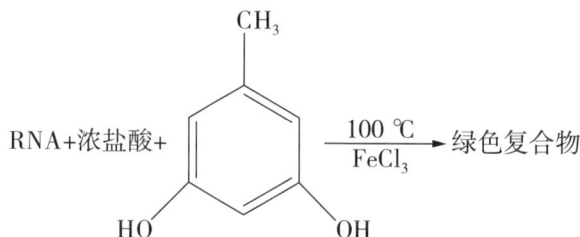

DNA、蛋白质和黏多糖等物质对测定有干扰作用。

（二）脱氧核糖的测定

测定脱氧核糖的常用方法是二苯胺法。含有脱氧核糖的 DNA 和二苯胺在沸水浴中共沸 10 min 后，产生蓝色物质。这是因为 DNA 嘌呤核苷酸上的脱氧核糖与酸生成 ω -羟基- 6 -酮基戊醛，它再和二苯胺作用产生蓝色物质。

此法易受多种糖类及其衍生物和蛋白质的干扰。

上述两种定糖的方法准确性较差，但快速、简便，能鉴别 DNA 与 RNA，是鉴定核酸、核苷酸的常用方法。

三、实验材料、仪器与试剂

（一）实验材料

新鲜菜花（花椰菜）等。

（二）实验仪器

恒温水浴锅，离心机，吸管，量筒，电炉，布氏漏斗装置，烧杯，剪刀等。

（三）实验试剂

（1）95％乙醇：600 mL。

（2）丙酮：400 mL。

（3）5％高氯酸溶液：200 mL。

（4）0.5 mol·L^{-1}高氯酸溶液：200 mL。

（5）10％氯化钠溶液：400 mL。

（6）标准 RNA 溶液 [5 mg·（100 mL）$^{-1}$]：50 mL。

（7）标准 DNA 溶液 [15 mg·（100 mL）$^{-1}$]：50 mL。

（8）粗氯化钠：250 g。

（9）海砂：5 g。

（10）二苯胺试剂 60 mL：将 1 g 二苯胺溶于 100 mL 冰醋酸中，再加入 2.75 mL 浓硫酸（置冰箱中可保存 6 个月。使用前，在室温下摇匀。）。

（11）三氯化铁浓盐酸溶液：25 mL。

将 2 mL 10％三氯化铁溶液（用 $FeCl_3·6H_2O$ 配制）加入 400 mL 浓盐酸中。

（12）苔黑酚乙醇溶液：将 6 g 苔黑酚溶解于 100 mL 95％乙醇中（可在冰箱中保存 1 个月）。

（四）核酸提取

核酸提取工艺流程如图 3-2 所示。

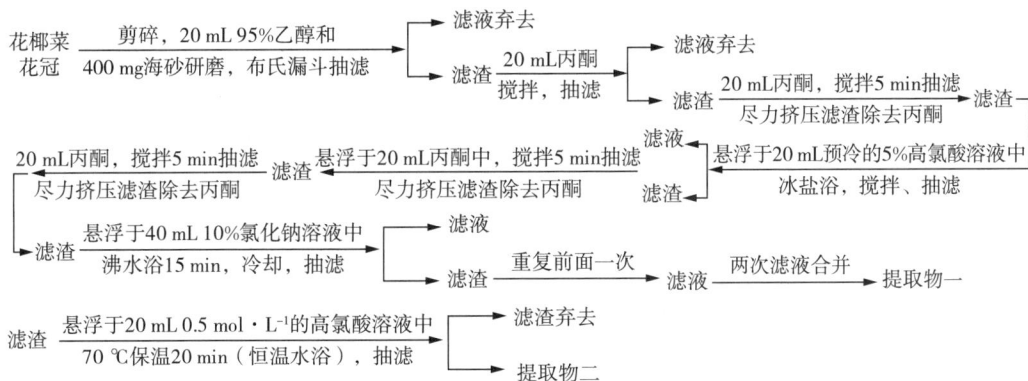

图 3-2 核酸提取工艺流程

四、实验步骤

（一）核酸的分离

（1）取菜花的花冠 20 g，剪碎后置于研钵中，加入 20 mL 95％乙醇和 400 mg 海砂，研磨成匀浆。然后用布氏漏斗抽滤，弃去滤液。

（2）于滤渣中加入 20 mL 丙酮，搅拌均匀，抽滤，弃去滤液。

（3）再向滤渣中加入 20 mL 丙酮，搅拌 5 min 后抽干（尽力挤压滤渣除去丙酮）。

（4）在冰盐浴中，将滤渣悬浮于预冷的 20 mL 5% 高氯酸溶液中。搅拌，抽滤，弃去滤液。

（5）将滤渣悬浮于 20 mL 丙酮中，搅拌 5 min 后抽干（尽力挤压滤渣除去丙酮）。

（6）在滤渣中加入 20 mL 丙酮，搅拌 5 min，抽滤，尽力挤压滤渣除去丙酮。

（7）将干燥的滤渣重新悬浮在 40 mL 10% 氯化钠溶液中。在沸水浴中加热 15 min。放置，冷却，抽滤至干，留滤液。并将此操作重复进行一次。将两次滤液合并，为提取物一。

（8）将滤渣重新悬浮在 20 mL 0.5 mol·L^{-1} 高氯酸溶液中，加热到 70 ℃、保温 20 min（恒温水浴）后抽滤，留滤液（提取物二）。

（二）RNA、DNA 的定性鉴定

（1）二苯胺反应：按表 3-10 加入各反应试剂，观察试验现象，并记录在表中。

表 3-10　二苯胺反应试剂添加表

试剂名称	试管号				
	1	2	3	4	5
蒸馏水/mL	1	—	—	—	—
DNA 溶液/mL	—	1	—	—	—
RNA 溶液/mL	—	—	1	—	—
提取物一/mL	—	—	—	1	—
提取物二/mL	—	—	—	—	1
二苯胺试剂/mL	2	2	2	2	2
放沸水浴中 10 min 后的现象					

（2）苔黑酚反应：按表 3-11 加入各反应试剂，观察试验现象，并记录在表中。

表 3-11　苔黑酚反应试剂添加表

试剂名称	试管号				
	1	2	3	4	5
蒸馏水/mL	1	—	—	—	—
DNA 溶液/mL	—	1	—	—	—
RNA 溶液/mL	—	—	1	—	—
提取物一/mL	—	—	—	1	—
提取物二/mL	—	—	—	—	1
三氯化铁浓盐酸溶液/mL	2	2	2	2	2
苔黑酚乙醇溶液/mL	0.2	0.2	0.2	0.2	0.2
放沸水浴中 10～20 min 后的现象					

五、思考题

（1）核酸分离时为什么要除去小分子物质和脂类物质？本实验是怎样除掉的？

（2）呈色反应中 RNA 为什么能产生绿色复合物？

参考文献

［1］杨志敏. 生物化学实验［M］. 北京：高等教育出版社，2015.

［2］杨贵利. 生物化学实验技术指导［M］. 重庆：重庆出版社，2023.

［3］周正义. 生物化学实验教程［M］. 北京：科学出版社，2012.

［4］朱新产，高玲. 基础生物化学实验［M］. 北京：中国农业出版社，2016.

［5］黄卓烈. 生物化学实验技术［M］. 北京：中国农业出版社，2010.

附　录

附录一　实验常用器皿的清洗

实验中所使用的玻璃仪器及塑料器皿是否清洁，对实验结果影响甚大。器皿不清洁或被污染，可能会导致较大的实验误差，甚至会出现相反的实验结果。因此，实验器皿的清洁工作是十分重要的基本操作，是实验成功的重要前提。

一、洗涤液的种类及配制

（1）0.5％去垢剂溶液（常用洗涤液）。

（2）重铬酸洗液，又称重铬酸钾（或钠）浓硫酸洗涤液，简称洗液，被广泛用于玻璃仪器的洗涤。其配制方法有以下三种。

① 称取 5 g 重铬酸钾（或钠）粉末，放入 250 mL 烧杯中，加 5 mL 水，尽量使其溶解。然后边搅拌边缓缓注入浓 H_2SO_4 100 mL，待洗液温度冷却至 40℃ 以下，将其转移到干燥的具玻璃塞细颈试剂瓶内，贮存备用。

② 称取 10 g 重铬酸钾粉末，置于 500 mL 烧杯中，加水 20 mL，尽量使其溶解。然后慢慢注入浓 H_2SO_4 180 mL，边加边搅拌。冷却后贮于具玻璃塞细颈试剂瓶中备用。

③ 量取 100 mL 工业硫酸置于 250 mL 烧杯中，小心加热，慢慢加 5 g 重铬酸钾粉末，边加边搅拌，待全部溶解后，冷却并贮于具玻璃塞试剂瓶中备用。

（3）工业浓盐酸：常用于洗去水垢或某些无机盐沉淀。

（4）5％草酸溶液：用数滴硫酸溶液酸化，可洗去高锰酸钾的痕迹。

（5）浓 HNO_3：常用于洗涤除去金属离子。

（6）1 mol·L^{-1}KOH 溶液。

（7）8 mol·L^{-1}尿素洗涤液（pH＝1.0）：适用于洗涤盛蛋白质溶液及血样的器皿。

（8）10^{-3} mol·L^{-1}EDTA 溶液用于除去塑料容器内壁附着的金属离子。

（9）5％～10％磷酸三钠（$Na_3PO_4 \cdot 12H_2O$）溶液：可用于洗涤油污物。

（10）氢氧化钾（KOH）的乙醇溶液和含有高锰酸钾的氢氧化钠（NaOH）溶液，适用于清除容器内壁污垢；但这两种强碱性洗涤液对玻璃仪器的侵蚀性很强，故洗涤时间不宜过长，使用时应小心慎重。

（11）有机溶剂：丙酮、乙醇、乙醚等可用于洗脱油脂、脂溶性染料等污痕，二甲苯可洗脱油漆类污垢。

二、玻璃仪器的清洗

（一）初用玻璃仪器的洗涤

新购置的玻璃仪器表面常附着有游离的碱性物质，可先用去垢剂（0.5％水溶液）或肥皂水洗刷，再用自来水洗净。然后浸泡于1％～2％ HCl 溶液中过夜，次日取出，用自来水充分冲洗，再用蒸馏水漂洗数次，置烘箱内烘干或倒置晾干备用。

（二）已用玻璃仪器的洗涤

1. 一般玻璃仪器的洗涤

许多污染物（包括有机物及金属离子等）易黏附于玻璃容器的内壁上，故每次使用后均须及时清洗。通常情况下先用自来水冲洗至无污物，再用去垢剂洗涤，或浸泡于0.5％去垢剂水溶液中，将器皿内外（特别是内壁）仔细刷洗后，用自来水充分洗净，再用蒸馏水漂洗数次，置烘箱（或微波炉）中烘干或倒置在清洁处晾干备用。凡洗净的玻璃器皿，其壁上不沾有水珠，否则表示尚未洗净，应按上述方法重新洗涤。量具玻璃仪器不能烘烤，只能晾干或风干。

对于高灵敏度分析及检测实验所用的器皿，除用上述方法清洗外，还需采用其他特殊洗涤方法彻底清除污染物，使器皿洗得十分洁净。一般是把玻璃器皿浸泡于铬酸洗液中4～6 h或过夜，再分别用自来水充分冲洗和蒸馏水漂洗，烘干或晾干备用。经过洗液处理的玻璃器皿，其器壁上的有机污物会被完全清除。如有必要还可用浓 HNO_3 洗涤及处理玻璃器皿，最后用双蒸馏水充分漂洗，使器壁上附着的金属离子得以清除。

装有传染性样品的容器，如被病毒、传染病患者的血清等污染的容器，应先进行消毒处理再进行清洗。盛过毒物的容器，特别是盛过剧毒药品和放射性同位素物质的容器，必须经过专门处理，确保没有残余毒物或放射性物质存在方可进行清洗。

2. 移液管（吸量管）的洗涤

移液管每次使用后须及时用流水冲洗或浸泡于冷水中，特别是吸取黏滞性较大的液体（全血、血浆、血清等）后应立即用流水充分冲洗，以免物质干涸和堵塞移液管。通常，使用过的移液管经自来水冲洗后，可浸泡于0.5％去垢剂溶液中或铬酸洗液中过夜（不少于4 h），然后分别用自来水充分冲洗和蒸馏水漂洗，晾干备用。

3. 玻璃比色皿和石英比色皿的清洗

比色皿使用后应立即用蒸馏水充分冲洗，倒置在清洁处晾干备用。所有比色皿均可用0.5％去垢剂溶液洗涤，必须用脱脂棉小心地清洗，然后用大量蒸馏水充分漂洗干净，倒置晾干。但不能用强碱洗涤液清洗比色皿，避免比色皿被严重腐蚀。

4. 塑料器皿的洗涤

聚乙烯塑料制品容器在生物化学实验室中的应用与日俱增，因此塑料器皿的清洗也是非常重要的。新购买的塑料器皿一般先用自来水清洗后，用 8 mol·L^{-1} 尿素溶液（pH＝1.0）洗涤，再用蒸馏水漂洗。随后用 1 mol·L^{-1} KOH 溶液洗涤，最后用蒸馏水漂洗。另外，用 10^{-3} mol·L^{-1} EDTA 溶液洗涤，以除去污染的金属离子，最后用双蒸馏水充分漂洗，倒置晾干备用。经过上述洗涤步骤处理的器皿，每次使用后可用0.5％去垢剂溶液洗涤，再分别用自来水充分冲洗和蒸馏水漂洗，晾干后即可使用。如果必要，也可按碱→尿素→EDTA 洗涤顺序处理，以除去器皿上的污染物。

多数塑料器皿可在烘箱中干燥，但温度不宜过高。硝酸纤维制品离心管不能置于烘箱中干燥，因为硝酸纤维是一种易爆物。

附录二　生物化学实验室的常用表

一、待测溶液与选用滤光片的对应关系

光的颜色与波长之间的关系见附表 1 所列。

附表 1　光的颜色与波长之间的关系

颜色	波长范围/nm	颜色	波长范围/nm
远红外	$1001\sim10^6$	绿	$501\sim560$
中红外	$2501\sim10^4$	青	$481\sim500$
近红外	$761\sim2500$	蓝	$431\sim480$
红	$621\sim760$	紫	$401\sim430$
橙	$591\sim620$	普通紫外	$191\sim400$
黄	$561\sim590$	真空紫外	$1\sim190$

有色溶液的颜色是被吸收光颜色的补色。吸收越多，则补色的颜色越深。比较溶液颜色的深浅，实质上就是比较溶液对它所吸收光的吸收程度。溶液的颜色与吸收光颜色波长的关系见附表 2 所列。

附表 2　溶液的颜色与吸收光颜色波长的关系

溶液颜色		绿	黄	橙	红	紫红	紫	蓝	青蓝	青
吸收光	颜色	紫	紫	青蓝	青	青绿	绿	黄	橙	红
	波长/nm	$400\sim450$	$450\sim480$	$480\sim490$	$490\sim500$	$500\sim560$	$560\sim580$	$580\sim600$	$600\sim650$	$650\sim760$

二、化学试剂纯度分级

化学试剂纯度分级见附表 3 所列。

附表 3　化学试剂纯度分级

规格	缩写	用途
国标试剂		该类试剂为我国国家标准所规定，适用于检验、鉴定、检测
基准试剂		含量应该是 99.9%～100%。随着科学技术和新兴工业的发展，我国对化学试剂的纯度、净度及精密度要求愈加严格和专门化

规格	缩写	用途
优级纯	GR（绿标，一级品）	主成分含量很高、纯度很高，适用于精确分析和研究，有的可作基准物质
分析纯	AR（红标，二级品）	主成分含量很高、纯度较高，干扰杂质很低，适用于工业分析及化学实验
化学纯	CP（蓝标，三级品）	主成分含量高、纯度较高，存在干扰杂质，适用于化学实验和合成制备
实验纯	LR（黄标）	主成分含量高，纯度较差，只适用于一般化学实验和合成制备（注：此规格已很少使用）
教学试剂		可以满足学生教学目的，不会造成化学反应现象偏差的一类试剂
指定级	ZD	该类试剂是按照用户要求的质量控制指标，为特定用户定做的化学试剂
色谱纯	GC	气相色谱分析专用。质量指标注重干扰气相色谱峰的杂质。主成分含量高
色谱纯	LC	液相色谱分析标准物质用。质量指标注重干扰液相色谱峰的杂质。主成分含量高
指示剂	IND	配制指示溶液用。质量指标为变色范围和变色敏感程度，适用于有机合成
生化试剂	BR	配制生物化学检验试液和生化合成用。质量指标注重生物活性杂质，可用于有机合成。
生物染色剂	BS	配制微生物标本染色液用。质量指标注重生物活性杂质，可用于有机合成
光谱纯	SP	用于光谱分析。适用于分光光度计标准品、原子吸收光谱标准品、原子发射光谱标准品
电子纯	MOS	适用于电子产品生产，电性杂质含量极低
高纯试剂	3N、4N、5N	主成分含量分别为 99.9%、99.99%、99.999% 以上
电泳试剂		质量指标注重电性杂质含量控制

试剂配制的一般注意事项如下。

（1）称量要精确，特别是在配制标准溶液、缓冲液时，更应注意严格称量。有特殊要求的，要按规定进行干燥、恒重、提纯等。

（2）一般溶液都应用蒸馏水或去离子水（即离子交换水）配制，有特殊要求的除外。

（3）试剂应根据需要量配制，一般不宜过多，以免积压浪费，过期失效。

（4）试剂（特别是液体）一经取出，不得放回原瓶，以免因量器或药勺不清洁而污染整瓶试剂。取固体试剂时，必须使用洁净干燥的药勺。

（5）配制试剂所用的玻璃器皿，都要清洁干净。

（6）试剂瓶上应贴标签，写明试剂名称、浓度、配制日期及配制人。

（7）试剂用后要用原瓶塞塞紧，瓶塞不得沾染其他污物或沾污桌面。

（8）有些化学试剂极易变质，变质后不能继续使用。

三、实验室常用酸碱

实验室常用酸碱的浓度和相对密度见附表 4 所列。

附表 4　实验室常用酸碱的浓度和相对密度

名称	分子式	分子量	密度	百分浓度/%（W/W）	摩尔浓度	1 mol·L^{-1} 溶液所需体积/mL
盐酸	HCl	36.5	1.19	36.8	12	83.4
硫酸	H$_2$SO$_4$	98.09	1.84	98.1	18.0	56
硝酸	HNO$_3$	63.02	1.42	70.98	15.99	62.5
冰乙酸	CH$_3$COOH	60.05	1.05	99.5	17.4	57.5
乙酸	CH$_3$COOH	60.05	1.045	36	6.27	159.5
磷酸	H$_3$PO$_4$	80.0	1.71	85.0	18.1	55.2
氢氧化钠溶液	NaOH	40.0	1.53	50.0	19.1	52.4
氢氧化钾溶液	KOH	56.1	1.52	50.0	13.5	74.1

四、缓冲液的配制

各缓冲液的配制详见附表 5～附表 21 所列。

附表 5　甘氨酸-盐酸缓冲液（0.05 mol·L^{-1}）　　　单位：mL

pH	X	Y	pH	X	Y
2.0	50	44.0	3.0	50	11.4
2.4	50	32.4	3.2	50	8.2
2.6	50	24.2	3.4	50	6.4
2.8	50	16.8	3.6	50	5.0

注：X mL 0.2 mol·L^{-1} 甘氨酸＋Y mL 0.2 mol·L^{-1} HCl，再加水稀释至 200 mL。

甘氨酸分子量＝75.07，0.2 mol·L^{-1} 甘氨酸溶液为 15.01 g·L^{-1}。

附表 6　邻苯二甲酸-盐酸缓冲液（0.05 mol·L^{-1}）　　　单位：mL

pH（20 ℃）	X	Y	pH（20 ℃）	X	Y
2.2	5	4.070	3.2	5	1.470
2.4	5	3.960	3.4	5	0.990
2.6	5	3.295	3.6	5	0.597

（续表）

pH（20 ℃）	X	Y	pH（20 ℃）	X	Y
2.8	5	2.642	3.8	5	0.263
3.0	5	2.022			

注：X mL 0.2 mol·L^{-1}邻苯二甲酸氢钾＋Y mL 0.2 mol·L^{-1} HCl，再加水稀释到 20 mL。

邻苯二甲酸氢钾分子量＝204.23，0.2 mol·L^{-1}邻苯二甲酸氢溶液为 40.85 g·L^{-1}。

附表 7　磷酸氢二钠-柠檬酸缓冲液

pH	0.2 mol·L^{-1} Na$_2$HPO$_4$/mL	0.1 mol·L^{-1} 柠檬酸/mL	pH	0.2 mol·L^{-1} Na$_2$HPO$_4$/mL	0.1 mol·L^{-1} 柠檬酸/mL
2.2	0.40	10.60	5.2	10.72	9.28
2.4	1.24	18.76	5.4	11.15	8.85
2.6	2.18	17.82	5.6	11.60	8.40
2.8	3.17	16.83	5.8	12.09	7.91
3.0	4.11	15.89	6.0	12.63	7.37
3.2	4.94	15.06	6.2	13.22	6.78
3.4	5.70	14.30	6.4	13.85	6.15
3.6	6.44	13.56	6.6	14.55	5.45
3.8	7.10	12.90	6.8	15.45	4.55
4.0	7.71	12.29	7.0	16.47	3.53
4.2	8.28	11.72	7.2	17.39	2.61
4.4	8.82	11.18	7.4	18.17	1.83
4.6	9.35	10.65	7.6	18.73	1.27
4.8	9.86	10.14	7.8	19.15	0.85
5.0	10.30	9.70	8.0	19.45	0.55

注：Na$_2$HPO$_4$分子量＝141.96，0.2 mol·L^{-1}溶液为 28.40 g·L^{-1}。

Na$_2$HPO$_4$·2H$_2$O 分子量＝178.05，0.2 mol·L^{-1}溶液为 35.61 g·L^{-1}。

C$_6$H$_8$O$_7$·H$_2$O 分子量＝210.14，0.1 mol·L^{-1}溶液为 21.01 g·L^{-1}。

附表 8　柠檬酸-氢氧化钠-盐酸缓冲液

pH	钠离子浓度/ (mol·L^{-1})	柠檬酸/mL	氢氧化钠/g	盐酸/mL（浓）	最终体积/L
2.2	0.20	210	84	160	10
3.1	0.20	210	83	116	10

（续表）

pH	钠离子浓度/ (mol·L⁻¹)	柠檬酸/mL	氢氧化钠/g	盐酸/mL（浓）	最终体积/L
3.3	0.20	210	83	106	10
4.3	0.20	210	83	45	10
5.3	0.35	245	144	68	10
5.8	0.45	285	186	105	10
6.5	0.38	266	156	126	10

附表9　柠檬酸-柠檬酸钠缓冲液（0.1 mol·L⁻¹）

pH	0.1 mol·L⁻¹ 柠檬酸/mL	0.1 mol·L⁻¹ 柠檬酸钠/mL	pH	0.1 mol·L⁻¹ 柠檬酸/mL	0.1 mol·L⁻¹ 柠檬酸钠/mL
3.0	18.6	1.4	5.0	8.2	11.8
3.2	17.2	2.8	5.2	7.3	12.7
3.4	16.0	4.0	5.4	6.4	13.6
3.6	14.9	5.1	5.6	5.5	14.5
3.8	14.0	6.0	5.8	4.7	15.3
4.0	13.1	6.9	6.0	3.8	16.2
4.2	12.3	7.7	6.2	2.8	17.2
4.4	11.4	8.6	6.4	2.0	18.0
4.6	10.3	9.7	6.6	1.4	18.6
4.8	9.2	10.8			

注：柠檬酸（$C_6H_8O_7·H_2O$）分子量为210.14，0.1 mol·L⁻¹溶液为21.01 g·L⁻¹。

柠檬酸钠（$Na_3C_6H_5O_7·2H_2O$）分子量为294.12，0.1 mol·L⁻¹溶液为29.41 g·mL⁻¹。

附表10　乙酸-乙酸钠缓冲液（0.2 mol·L⁻¹）

pH（18 ℃）	0.1 mol·L⁻¹ NaAc/mL	0.2 mol·L⁻¹ HAc/mL	pH（18 ℃）	0.1 mol·L⁻¹ NaAc/mL	0.2 mol·L⁻¹ HAc/mL
3.6	0.75	9.25	4.8	5.90	4.10
3.8	1.20	8.80	5.0	7.00	3.00
4.0	1.80	8.20	5.2	7.90	2.10
4.2	2.65	7.35	5.4	8.60	1.40
4.4	3.70	6.30	5.6	9.10	0.90
4.6	4.90	5.10	5.8	9.40	0.60

注：NaAc·$3H_2O$分子量=136.09，0.2 mol·L⁻¹溶液为27.22 g·L⁻¹。

附表 11　磷酸氢二钠-磷酸二氢钠缓冲液（0.2 mol·L^{-1}）

pH	0.1 mol·L^{-1} Na$_2$HPO$_4$/mL	0.2 mol·L^{-1} NaH$_2$PO$_4$/mL	pH	0.1 mol·L^{-1} Na$_2$HPO$_4$/mL	0.2 mol·L^{-1} NaH$_2$PO$_4$/mL
5.6	8	92	7.0	61	39
5.8	10	90	7.1	67	33
6.0	12.3	87.7	7.2	72	28
6.1	15	85	7.3	77	23
6.2	18.5	81.5	7.4	81	19
6.3	22.5	77.5	7.5	84	16
6.4	26.5	73.5	7.6	87	13
6.5	31.5	68.5	7.7	89.5	10.5
6.6	37.5	62.5	7.8	91.5	8.5
6.7	43.5	56.5	7.9	93	7
6.8	49	51	8	94.7	5.3
6.9	55	45			

注：Na$_2$HPO$_4$·2H$_2$O 分子量=178.05，0.2 mol·L^{-1}溶液为 35.61 g·L^{-1}。

Na$_2$HPO$_4$·12H$_2$O 分子量=358.22，0.2 mol·L^{-1}溶液为 71.64 g·L^{-1}。

NaH$_2$PO$_4$·2H$_2$O 分子量=156.03，0.2 mol·L^{-1}溶液为 31.21 g·L^{-1}。

附表 12　磷酸氢二钠-磷酸二氢钾缓冲液（1/15 mol·L^{-1}）

pH	1/15 mol·L^{-1} Na$_2$HPO$_4$/mL	1/15 mol·L^{-1} KH$_2$PO$_4$/mL	pH	1/15 mol·L^{-1} Na$_2$HPO$_4$/mL	1/15 mol·L^{-1} KH$_2$PO$_4$/mL
4.9	0.10	9.90	7.1	7.00	3.00
5.2	0.50	9.50	7.3	8.00	2.00
5.9	1.00	9.00	7.7	9.00	1.00
6.2	2.00	8.00	8.0	9.50	0.50
6.4	3.00	7.00	8.3	9.75	0.25
6.6	4.00	6.00	8.6	9.90	0.10
6.8	5.00	5.00	8.1	10.00	0
6.9	6.00	4.00			

注：Na$_2$HPO$_4$·2H$_2$O 分子量=178.05，1/15 mol·L^{-1}溶液为 11.87 g·L^{-1}。

KH$_2$PO$_4$分子量=136.09，1/15 mol·L^{-1}溶液为 9.07 g·L^{-1}。

附表 13　磷酸二氢钾-氢氧化钠缓冲液 （0.05 mol·L⁻¹）

pH （20 ℃）	X/mL	Y/mL	pH （20 ℃）	X/mL	Y/mL
5.8	5	0.372	7.0	5	2.963
6.0	5	0.570	7.2	5	3.500
6.2	5	0.860	7.4	5	3.950
6.4	5	1.260	7.6	5	4.280
6.6	5	1.780	7.8	5	4.520
6.8	5	2.365	8.0	5	4.680

注：X mL 0.2 mol·L⁻¹ K_2PO_4＋Y mL 0.2 mol·L⁻¹ NaOH 溶液，加水稀释至 20 mL。

附表 14　巴比妥钠-盐酸缓冲液 （18℃）

pH	0.04 mol·L⁻¹ 巴比妥钠溶液/mL	0.2 mol·L⁻¹ 盐酸溶液/mL	pH	0.04 mol·L⁻¹ 巴比妥钠溶液/mL	0.2 mol·L⁻¹ 盐酸溶液/mL
6.8	100	18.4	8.4	100	5.21
7.0	100	17.8	8.6	100	3.82
7.2	100	16.7	8.8	100	2.52
7.4	100	15.3	9.0	100	1.65
7.6	100	13.4	9.2	100	1.13
7.8	100	11.47	9.4	100	0.70
8.0	100	9.39	9.6	100	0.35
8.2	100	7.21			

注：巴比妥钠盐分子量＝206.18，0.04 mol·L⁻¹ 溶液为 8.25 g·L⁻¹。

附表 15　Tris-盐酸缓冲液 （0.05 mol·L⁻¹，25 ℃）

pH	X/mL	pH	X/mL
7.10	45.7	8.10	26.2
7.20	44.7	8.20	22.9
7.30	43.4	8.30	19.9
7.40	42.0	8.40	17.2
7.50	40.3	8.50	14.7
7.60	38.5	8.60	12.4
7.70	36.6	8.70	10.3
7.80	34.5	8.80	8.5

（续表）

pH	X/mL	pH	X/mL
7.90	32.0	8.90	7.0
8.00	29.2		

注：50 mL 0.1 mol·L^{-1}三羟甲基氨基甲烷（Tris）溶液与 X mL 0.1 mol·L^{-1}盐酸溶液混匀后，加水稀释至 100 mL。

三羟甲基氨基甲烷（Tris）分子量＝121.14，0.1 mol·L^{-1}溶液为 12.114 g·L^{-1}。Tris 溶液可从空气中吸收二氧化碳，使用时注意将瓶盖盖严。

附表 16　硼酸-硼砂缓冲液（0.2 mol·L^{-1}硼酸根）

pH	0.05 mol·L^{-1} 硼砂/mL	0.2 mol·L^{-1} 硼酸/mL	pH	0.05 mol·L^{-1} 硼砂/mL	0.2 mol·L^{-1} 硼酸/mL
7.4	1.0	9.0	8.2	3.5	6.5
7.6	1.5	8.5	8.4	4.5	5.5
7.8	2.0	8.0	8.7	6.0	4.0
8.0	3.0	7.0	9.0	8.0	2.0

注：硼砂（Na$_2$B$_4$O$_7$·H$_2$O）分子量＝381.43，0.05 mol·L^{-1}溶液（＝0.2 mol·L^{-1}硼酸根）为19.07 g·L^{-1}。

硼酸（H$_3$BO$_3$）分子量＝61.84，0.2 mol·L^{-1}溶液为12.37 g·L^{-1}。

硼砂易失去结晶水，必须在带塞的瓶中保存。

附表 17　甘氨酸-氢氧化钠缓冲液（0.05 mol·L^{-1}）　　　单位：mL

pH	X	Y	pH	X	Y
8.6	50	4.0	9.6	50	22.4
8.8	50	6.0	9.8	50	27.2
9.0	50	8.8	10.0	50	32.0
9.2	50	12.0	10.4	50	38.6
9.4	50	16.8	10.6	50	45.5

注：X mL 0.2 mol·L^{-1}甘氨酸＋Y mL 0.2 mol·L^{-1}NaOH 溶液，加水稀释至 200 mL。

甘氨酸分子量＝75.07，0.2 mol·L^{-1}溶液为 15.01 g·L^{-1}。

附表 18　硼砂-氢氧化钠缓冲液（0.05 mol·L^{-1}硼酸根）　　　单位：mL

pH	X	Y	pH	X	Y
9.3	50	6.0	9.8	50	34.0
9.4	50	11.0	10.0	50	43.0
9.6	50	23.0	10.1	50	46.0

注：X mL 0.05 mol·L^{-1}硼砂＋Y mL 0.2 mol·L^{-1}NaOH 溶液，加水稀释至 200 mL。

硼砂（Na$_2$B$_4$O$_7$·10H$_2$O）分子量＝381.43，0.05 mol·L^{-1}溶液为 19.07 g·L^{-1}。

附表 19　碳酸钠-碳酸氢钠缓冲液（0.1 mol·L^{-1}）

pH		0.1 mol·L^{-1} Na$_2$CO$_3$/mL	0.1 mol·L^{-1} N$_2$HCO$_3$/mL
20 ℃	37 ℃		
9.16	8.77	1	9
9.40	9.12	2	8
9.51	9.40	3	7
9.78	9.50	4	6
9.90	9.72	5	5
10.14	9.90	6	4
10.28	10.08	7	3
10.53	10.28	8	2
10.83	10.57	9	1

注：Ca^{2+}、Mg^{2+}存在时不得使用。

Na$_2$CO$_2$·10H$_2$O 分子量＝286.2，0.1 mol·L^{-1}溶液为 28.62 g·L^{-1}。

N$_2$HCO$_3$ 分子量＝84.0，0.1 mol·L^{-1}溶液为 8.40 g·L^{-1}。

附表 20　PBS 缓冲液

pH	7.6	7.4	7.2	7.0
H$_2$O/mL	1000	1000	1000	100
NaCl/g	8.5	8.5	8.5	8.5
Na$_2$HPO$_4$/g	2.2	2.2	2.2	2.2
NaH$_2$PO$_4$/g	0.1	0.2	0.3	0.4

附表 21　常用电泳缓冲液

电泳缓冲液	共轭酸的 pK$_a$（25 ℃）	缓冲范围
HAc - NaAc	4.75	3.7～5.6
H$_2$C$_8$H$_4$O$_4$（邻苯二甲酸）- NaOH	2.95	2.2～4.0
KHC$_8$H$_4$O$_4$（邻苯二甲酸氢钾）- NaOH	5.41	4.0～5.8
KH$_2$PO$_4$ - Na$_2$HPO$_4$	7.21	5.8～8.0
H$_3$BO$_3$ - NaOH	9.24	8.0～10.0
NaHCO$_3$ - Na$_2$CO$_3$	10.25	9.2～11.0

附录三　危险致癌物质

一、危险致癌物质

危险致癌物质见附表 22 所列。

附表 22　危险致癌物质

类别	化合物
芳胺及其衍生物	联苯胺（及某些衍生物）、β-萘胺、二甲氨基偶氮苯、α-萘胺
N-亚硝基化合物	N-甲基-N-亚硝基苯胺、N-亚硝基二甲胺、N-甲基-N-亚硝基脲、N-亚硝基氢化吡啶
烷基化剂	双（氯甲基）醚、硫酸二甲酯、氯甲基甲醚、碘甲烷、重氮甲烷
稠环芳烃	苯并 [a] 芘、二苯并 [c, g] 咔唑、二苯并 [a, h] 蒽、7, 12-二甲基苯并 [a] 蒽
含硫化合物	硫代乙酰胺、硫脲
石棉粉尘	

二、具有长期积累效应的毒物

具有长期积累效应的毒物进入人体不易排出，在人体内累积，引起慢性中毒。这类物质主要有以下三种：

（1）苯；

（2）铅化合物，特别是有机铅化合物；

（3）汞和汞化合物，特别是二价汞盐和液态的有机汞化合物。

在使用以上各类有毒化学药品时，我们都应采取妥善的防护措施，避免吸入其蒸气和粉尘，不要让它们接触皮肤。有毒气体和挥发性的有毒液体，必须在效率良好的通风橱中操作。汞的表面应该用水掩盖，不可直接暴露在空气中。装盛汞的仪器应放在一个搪瓷盘上，以防溅出的汞流失。溅洒汞的地方要迅速撒上硫黄石灰糊。

附录四　常用核酸蛋白换算数据

一、重量换算

1 $\mu g = 10^{-6}$ g

1 ng $= 10^{-9}$ g

1 pg $= 10^{-12}$ g

1 fg $= 10^{-15}$ g

二、分光光度换算

1 Å 260 双链 DNA＝50 μg·mL^{-1}

1 Å 260 单链 DNA＝30 μg·mL^{-1}

1 Å 260 单链 RNA＝40 μg·mL^{-1}

三、DNA 摩尔换算

1 μg 100 bp DNA＝1.52 pmol＝3.03 pmol 末端

1 μg pBR322 DNA＝0.36 pmol

1 pmol 1000 bp DNA＝0.66 μg

1 pmol pBR322＝2.8 μg

1 kb 双链 DNA（钠盐）＝6.6×10^5 道尔顿

1 kb 单链 DNA（钠盐）＝3.3×10^5 道尔顿

1 kb 单链 RNA（钠盐）＝3.4×10^5 道尔顿

四、蛋白摩尔换算

100 pmol 分子量 100,000 蛋白质＝10 μg

100 pmol 分子量 50,000 蛋白质＝5 μg

100 pmol 分子量 10,000 蛋白质＝1 μg

氨基酸的平均分子量＝126.7 道尔顿

五、蛋白质/DNA 换算

1 kb DNA＝333 个氨基酸编码容量＝3.7×10^4 MW 蛋白质

10,000 MW 蛋白质＝270 bp DNA

30,000 MW 蛋白质＝810 bp DNA

50,000 MW 蛋白质＝1.35 kb

100,000 MW 蛋白质＝2.7 kb DNA